新型职业农民培育工程

小麦农场化生产专项技术

王永华　杨青云　主编

中原农民出版社

·郑州·

本书作者

主　编　王永华　杨青云

副主编　吴剑南　杨　丽　史治辉

编　者　史美玲　程丽红　杨静丽

图书在版编目（CIP）数据

小麦农场化生产专项技术/王永华，杨青云主编
—3 版. —郑州：中原农民出版社，2015.10
ISBN 978 - 7 - 5542 - 1319 - 3

Ⅰ.①小… Ⅱ.①王… ②杨… Ⅲ.①小麦—栽培技术 Ⅳ.①S512. 1

中国版本图书馆 CIP 数据核字（2015）第 243511 号

出版：中原农民出版社
　　　（地址：郑州市经五路 66 号　　电话：0371 - 65751257
　　　邮政编码：450002）
发行单位：全国新华书店
承印单位：河南安泰彩印有限公司
开本：787mm × 1092mm　　　　　1/16
印张：8
字数：160 千字
版次：2015 年 11 月第 1 版　　　印次：2015 年 11 月第 1 次印刷

书号：ISBN 978 - 7 - 5542 - 1319 - 3　　　　定价：25.00 元
本书如有印装质量问题，由承印厂负责调换

目　　录

单元一
小麦生长发育全程图解及
农场化生产模式

单元提示

1. 小麦生长发育主要生育期特征及生长特性。

2. 小麦农场化生产模式解读。

一、小麦生长发育全程图解

冬小麦生长跨越秋冬春夏四个季节，从当年 10 月播种到翌年 5 月下旬至 6 月上中旬成熟，小麦一生要经历发芽、出苗、分蘖、越冬、返青、起身、拔节、孕穗、抽穗、扬花、籽粒形成、灌浆、成熟等生长发育过程。

好种子一般发芽率在 90%～95%，且保证在大田生产条件下有 80% 以上的种子出苗。

高质量的小麦种子应具备纯净、饱满、生活力强的特点，即纯度要高，没有或极少混有其他品种的种子，并且要干净，不带虫卵病菌和杂质，籽粒饱满，大小均匀，无霉变，发芽率高。

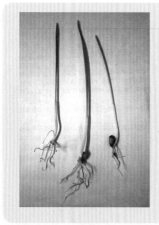

小麦种子发芽的基本条件：一是温度，最适温度 15～20℃。二是土壤墒情，最适土壤含水量为田间持水量的 60%～70%。三是氧气，小麦种子萌发和出苗都需要有充足的氧气。

小麦出苗

全田 50% 麦苗第一片真叶露出地面 2～3 厘米时，称为出苗期。土壤墒情和温度适宜时，一般播种后 5～7 天均能出苗。

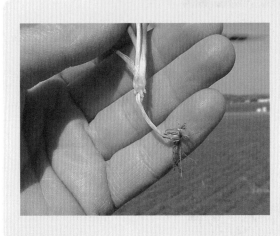

土壤温度过低，出苗延迟，种子易烂。

土壤水分不足或过多，都会影响出苗率和出苗整齐度。

在土壤黏重、湿度过大、地表板结及播种过深的地块，小麦出苗困难。

小麦分蘖

全田50%小麦植株第一分蘖伸出1.5～2厘米时，即为分蘖期，一般出苗后15～20天便进入分蘖期。

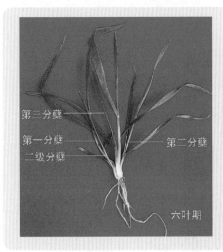

分蘖期从苗龄3叶开始，至拔节期结束，中原地区小麦分蘖期一般处于11月下旬至翌年2月中下旬，长达三个多月，是小麦生育期中历时最长的一个生育期，也是决定亩穗数和奠定大穗基础的重要时期。

提高小麦分蘖的措施：一是选择分蘖力强的品种；二是造好墒情并施足底肥；三是把握好播期；四是确定好播种深度和种植密度。

小麦越冬

冬前日平均气温降至0℃时，麦苗地上部生长缓慢或停止生长，开始进入越冬期。小麦越冬期间，地上部虽停止生长，但地下根系仍在缓慢生长，即有"上闲下忙"之说。

冬小麦春性品种在播种过早、年前出现旺长情况下，小麦越冬期会遭受冻害，可通过浇水和施肥措施保苗。

壮苗越冬的标准：弱冬性品种主茎叶7～8片，总茎蘖数70万～80万穗/亩；半冬性品种主茎叶6～7片，总茎蘖数60万～70万穗/亩（高肥水田取低值，中产田取高值，下同）。

旺苗标准：一看外观，叶片肥大披垂，叶色墨绿，出叶和分蘖速度快，群体总茎蘖数较多的为真旺苗；叶片细长，苗高而细，叶大而黄，假茎过分伸长，麦苗"蹿高"旺长的属于假旺苗。二看叶片数，弱冬性品种7叶1心，半冬性品种6叶1心，均为旺苗。

小麦返青

返青期是松土、追肥、浇水、除草的好时机。

早春麦田半数以上的麦苗心叶（春生一叶）长出部分达1~2厘米时，田间呈现橘黄色，称为返青。河南小麦返青多在2月上中旬，此时日平均气温达3℃以上。

小麦起身

当春季日平均气温上升至10℃以上时，麦苗由原来匍匐生长变为直立坐长；基部第1节间开始伸长，幼穗进入护颖分化期，称为起身。

小麦拔节

全田50%以上的麦苗基部伸长，节间露出地面1.5~2厘米，幼穗分化进入雌雄蕊分化期时，称为拔节。一般春性品种拔节期在3月上中旬，半冬性品种在3月中下旬。

拔节期要重视水肥管理，促蘖增穗，促花增粒。

小麦孕穗

全田50%以上植株的旗叶全部伸出至2叶叶鞘，幼穗分化接近四分体形成期，称为孕穗期。

小麦籽粒开始孕育，此期是小麦需水最多、保花增粒的时期。

小麦抽穗

全田 10% 以上茎秆的顶部小穗露出旗叶叶鞘时，称为始穗期；50% 以上茎秆的顶部小穗抽出旗叶叶鞘时，称为抽穗期；90% 左右的麦穗露出旗叶叶鞘时，称为齐穗期。一般春播品种抽穗期在 4 月中旬，半冬性品种在 4 月下旬。

抽穗期要保根、护叶、防止早衰、提高粒重，并要预防旱、涝、风、病虫、倒伏等自然灾害。

小麦扬花

气温和墒情适宜时，小麦一般在齐穗 2～5 天便开始扬花，全田 50% 以上的麦穗中部小穗开始开花时，称为扬花期。一般春性品种扬花期在 4 月下旬，半冬性品种在 5 月下旬至 6 月初。一个麦穗扬花时间持续 3～5 天，一块麦田可持续 6～7 天。

小麦扬花期重点防止干热风和早衰。

抽穗期和扬花期是小麦植株新陈代谢最旺盛的阶段，也是需肥、需水量最大的时期。

扬花期还要特别注意防病、防虫、防倒伏。

小麦籽粒形成

从坐脐到多半仁，称为籽粒形成期，一般历时 10 天左右，籽粒表面由灰白色逐渐变为灰绿色，旺乳由清水状变为清乳状，千粒增重达 0.4～0.6 克。

小麦灌浆

从多半仁经过顶满仓到蜡熟前，称为籽粒灌浆。

灌浆期是小麦生长的最后阶段，根部的吸水吸肥能力逐渐下降，需要叶面施肥才能保证籽粒饱满。此期重点是防病、防虫、防干热风。

　　小麦的成熟期分为乳熟期、蜡熟期和完熟期。乳熟期的茎叶由绿逐渐变黄绿，籽粒有乳汁状内含物，粒色转淡黄、腹沟呈绿色。蜡熟期籽粒的内含物呈蜡状，硬度随熟期进程由软变硬。完熟期叶片枯黄，籽粒变硬，呈品种固有本色。

　　俗话说"九成熟，十成收，十成熟，一成丢"，小麦什么时候收获最好呢？小麦农场化生产在蜡熟期收获品质好，产量高。机械分段收获宜在蜡熟中期到末期进行；使用联合收割机直接收获时，宜在蜡熟末期至完熟初期进行。留种用的麦田宜在完熟期收获。若由于防天气降雨，或急需抢种下茬作物，或所种小麦品种易落粒、折秆、折穗，遇雨穗易发芽等原因，则应适当提前收获。

二、小麦农场化生产模式解读

小麦农场化生产应遵循的原则——模式区域化、技术标准化、全程机械化。

（一）模式区域化

全国农业技术推广中心会同小麦增产模式攻关专家组，针对黄淮海不同生态区小麦的生产条件和发展潜力，小麦的生态特点和生产实际，提出了小麦增产攻关的三项共性攻关技术模式和七项区域攻关技术模式。

农业部根据我国小麦主产区优质高产经验，发布了7种区域性小麦栽培模式。

小麦种植大户、家庭农场和农民专业合作社可以根据当地条件选择适合自身发展的栽培模式。

1. 三项共性攻关技术模式

砂姜黑土产能提升攻关

以降低土壤内聚力、提高有机质含量、科学控水为基础，通过控水、秸秆还田等技术攻关，解决砂姜黑土膨胀型黏土矿物含量高和有机质含量低的问题。

小麦品种改良换代与集成技术增产模式攻关

以选育高产优质多抗新品种为目标，将现代生物技术与常规育种技术有机结合，开展遗传种质改良和育种亲本创新，选育一批适宜大面积生产应用的高产优质多抗小麦新品种，集成配套高产栽培技术，加快良种良法示范推广。

重大病害综合防控攻关

以小麦赤霉病和条锈病防治为重点，通过赤霉病抗病育种、病害预测预报和药剂高效使用，构建适合于黄淮海麦区的赤霉病综合防控技术体系；通过简单高效的小麦条锈病防控技术攻关，建立条锈病综合防控技术示范区，带动整个黄淮海麦区小麦条锈病防控技术的推广和应用。

2. 七项区域攻关技术模式

河北全程节水技术模式 ◀

集成配套"秸秆还田＋精细播种＋节水灌溉＋科学施肥"技术模式，包括前茬秸秆粉碎覆盖、旋耕、深埋技术，以及改非等行距为等行距播种、提高生育前中期覆盖、水肥一体化等技术。

江苏稻茬小麦全程机械化技术模式 ◀

集成配套"稻草机械化全量还田＋机械匀播＋减氮减污"技术模式，包括稻草全量机械深埋旋耕还田、适期机械匀播、适龄壮苗促发、群体结构调控、优化肥料配比与减氮减污增效、水分高效管理、生物与非生物逆境应对、机械收获等技术。

江苏旱茬小麦全程机械化技术模式 ◀

集成配套"培育壮苗＋合理施肥＋水肥耦合＋抗逆防灾"技术模式，包括前茬秸秆机械化全量还田、半精量机条播、培育适龄壮苗和控制旺长、群体结构优化调控、氮磷钾合理配比与适时追施、节水灌溉、抗灾减灾、机械收获等技术。

安徽淮北小麦高产技术模式 ◀

集成配套"秸秆还田＋土壤深松＋规范化播种＋科学施肥＋病虫害综合防控"技术模式，包括玉米秸秆粉碎全量还田、高质量机械播种、控释与速效肥结合施用、以防为主的病虫害综合防控等技术。

山东"两深一浅"技术模式

集成配套"苗带旋耕深松＋肥料分层深施＋等深浅播＋苗带镇压＋节水灌溉"技术模式，包括苗带旋耕深松和镇压、等深浅播、规范化播种、肥料分层深施、节水灌溉、氮肥后移等技术。

豫北水浇地小麦持续增产技术模式

集成配套"高产稳产品种＋土壤培肥＋深耕深松＋窄行精匀播种＋春管后移＋病虫害综合防控"技术模式，包括新品种筛选、标准化整地播种、土壤培肥和水肥互调的节水省肥等技术。

河南砂姜黑土区增产技术模式

集成配套"高产多抗品种＋深松深耕耙糖＋宽幅精匀播种＋播后浇蒙头水＋科学施肥＋病虫害综合防控"技术模式，包括砂姜黑土土壤培肥、增施有机肥、施用高氮高磷肥料、筛选适宜品种、宽幅精匀播种、播后浇蒙头水、病虫害综合防控等技术。

3．农业部推荐小麦生产技术管理月历

黄淮海南部水浇地小麦深松深耕机条播技术管理月历

月份	旬期	节气	生育期	主攻目标
10月	上旬	寒露	播种期	苗全、苗匀、苗齐、苗壮
	中旬		出苗至3叶期	
	下旬	霜降		
11月	上旬	立冬	冬前分蘖期	促根增蘖，培育壮苗
	中旬			
	下旬	小雪		
12月	上旬	大雪		
	中旬			
	下旬	冬至		
1月	上旬	小寒	越冬期	保苗安全越冬
	中旬			
	下旬	大寒		
2月	上旬	立春	返青至起身期	促弱控旺转壮，促苗早发稳长
	中旬			
	下旬	雨水		
3月	上旬	惊蛰		
	中旬		拔节期	促大蘖成穗，构建合理群体
	下旬	春分		
4月	上旬	清明		
	中旬		抽穗至开花期	促花增粒
	下旬	谷雨		
5月	上旬	立夏	灌浆期	养根护叶延衰，增粒增重
	中旬			
	下旬	小满		
6月	上旬	芒种	成熟期	丰产丰收

农业部对黄淮海南部水浇地小麦深松深耕机条播技术模式的要求

预期目标产量：平均亩产 550 千克。

成本效益分析：亩均成本 960 元，亩均纯收益 272 元，适度经营规模 181 亩。

关键技术路线：半冬性品种 + 秸秆还田 + 深松深耕 + 旋耕整地 + 机械条播 + 机械镇压 + 灌越冬水 + 重施拔节肥水 + 机械喷防 + 机械收获。

推荐农机配置：拖拉机 + 深松（深耕）机 + 播种机 + 秸秆还田机 + 旋耕机 + 圆盘耙 + 镇压器 + 喷药机械 + 联合收割机。

黄淮海南部水浇地小麦少免耕沟播技术管理月历

月份	旬期	节气	生育期	主攻目标
10 月	上旬	寒露	播种期	苗全、苗匀、苗齐、苗壮
	中旬			
	下旬	霜降	出苗至 3 叶期	
11 月	上旬	立冬	冬前分蘖期	促根增蘖，培育壮苗
	中旬			
	下旬	小雪		
12 月	上旬	大雪		
	中旬			
	下旬	冬至		
1 月	上旬	小寒	越冬期	保苗安全越冬
	中旬			
	下旬	大寒		
2 月	上旬	立春	返青至起身期	促弱苗控旺苗，促苗早发稳长健壮
	中旬			
	下旬	雨水		
3 月	上旬	惊蛰		
	中旬		拔节期	促大蘖成穗，构建合理群体
	下旬	春分		
4 月	上旬	清明		
	中旬		抽穗至开花期	促花增粒
	下旬	谷雨		
5 月	上旬	立夏	灌浆期	养根护叶延衰，增粒增重
	中旬			
	下旬	小满		
6 月	上旬	芒种	成熟期	适时收获

农业部对黄淮海南部水浇地小麦少免耕沟播技术模式的要求

预期目标产量：平均亩产530千克。

成本效益分析：亩均成本925元，亩均纯收益262元，适度经营规模187亩。

关键技术路线：半冬性品种＋秸秆还田＋少免耕沟播＋灌越冬水＋重施拔节肥水＋机械喷防＋机械收获。

推荐农机配置：拖拉机＋秸秆还田机＋免耕播种机＋喷药机械＋联合收割机。

黄淮海南部稻茬麦少免耕机条播技术管理月历

月份	旬期	节气	生育期	主攻目标
10 月	中旬		播种期	苗全、苗匀、苗齐、苗壮
	下旬	霜降		
11 月	上旬	立冬	出苗至 3 叶期	
	中旬			
	下旬	小雪		
12 月	上旬	大雪	冬前分蘖期	促根增蘖，培育壮苗
	中旬		越冬期	保苗安全越冬
	下旬	冬至		
1 月	上旬	小寒		
	中旬			
	下旬	大寒		
2 月	上旬	立春		
	中旬			
	下旬	雨水	返青至起身期	控苗稳长壮蘖
3 月	上旬	惊蛰		
	中旬			
	下旬	春分		
4 月	上旬	清明	拔节至孕穗期	促弱控旺，保蘖成穗，壮秆防倒
	中旬			
	下旬	谷雨		
5 月	上旬	立夏	抽穗至开花期	保花增粒
	中旬		灌浆期	养根护叶，增粒增重
	下旬	小满		
6 月	上旬	芒种	成熟期	丰产丰收
	中旬			

农业部对黄淮海南部稻茬麦少免耕机条播技术模式的要求

预期目标产量：平均亩产480千克。

成本效益分析：亩均成本935元，亩均纯收益140元，适度经营规模350亩。

关键技术路线：高产多抗品种＋稻秆全量还田＋少免耕机条播＋三沟配套＋重施拔节孕穗肥＋机械喷防＋机械收获。

推荐农机配置：拖拉机＋秸秆还田机＋播种机＋喷药机械＋联合收割机。

黄淮海北部水浇地小麦深松深耕机条播技术管理月历

月份	旬期	节气	生育期	主攻目标
9月	下旬	秋分	播种期	苗全、苗匀、苗齐、苗壮
10月	上旬	寒露	播种期	苗全、苗匀、苗齐、苗壮
10月	中旬			
10月	下旬	霜降	出苗至3叶期	
11月	上旬	立冬	冬前分蘖期	促根增蘖，培育壮苗
11月	中旬			
11月	下旬	小雪		
12月	上旬	大雪	越冬期	保苗安全越冬
12月	中旬			
12月	下旬	冬至		
1月	上旬	小寒		
1月	中旬			
1月	下旬	大寒		
2月	上旬	立春		
2月	中旬			
2月	下旬	雨水		
3月	上旬	惊蛰	返青期	促苗早发稳长
3月	中旬		起身期	蹲苗壮蘖
3月	下旬	春分		
4月	上旬	清明	拔节期	促大蘖成穗
4月	中旬			
4月	下旬	谷雨	抽穗至开花期	保花增粒
5月	上旬	立夏		
5月	中旬		灌浆期	养根护叶，增粒增重
5月	下旬	小满		
6月	上旬	芒种	成熟期	丰产丰收
6月	中旬			

农业部对黄淮海北部水浇地小麦深松深耕机条播技术模式的要求

预期目标产量：平均亩产530千克。

成本效益分析：亩均成本965元，亩均纯收益222元，适度经营规模221亩。

关键技术路线：冬性品种＋秸秆还田＋深松深耕＋旋耕整地＋机械条播＋机械镇压＋灌越冬水＋重施拔节肥水＋机械喷防＋机械收获。

推荐农机配置：拖拉机＋深松（深耕）机＋秸秆还田机＋旋耕机＋播种机＋圆盘耙＋镇压器＋喷药机械＋联合收割机。

黄淮海北部水浇地小麦少免耕机沟播技术管理月历

月份	旬期	节气	生育期	主攻目标
9 月	下旬	秋分	播种期	苗全、苗匀、苗齐、苗壮
10 月	上旬	寒露	出苗至 3 叶期	
	中旬			
	下旬	霜降		
11 月	上旬	立冬	冬前分蘖期	促根增蘖，培育壮苗
	中旬			
	下旬	小雪		
12 月	上旬	大雪	越冬期	保苗安全越冬
	中旬			
	下旬	冬至		
1 月	上旬	小寒		
	中旬			
	下旬	大寒		
2 月	上旬	立春		
	中旬			
	下旬	雨水		
3 月	上旬	惊蛰	返青期	促苗早发稳长
	中旬		起身期	蹲苗壮蘖
	下旬	春分		
4 月	上旬	清明	拔节期	促大蘖成穗
	中旬			
	下旬	谷雨		
5 月	上旬	立夏	抽穗至开花期	保花增粒
	中旬		灌浆期	养根护叶，增粒增重
	下旬	小满		
6 月	上旬	芒种	成熟期	丰产丰收
	中旬			

预期目标产量：平均亩产 510 千克。

成本效益分析：亩均成本 970 元，亩均纯收益 172 元，适度经营规模 285 亩。

关键技术路线：冬性品种 + 秸秆还田 + 少免耕沟播 + 灌越冬水 + 重施拔节肥水 + 机械喷防 + 机械收获。

推荐农机配置：拖拉机 + 秸秆还田机 + 免耕播种机 + 喷药机械 + 联合收割机。

黄淮海旱地小麦少免耕机沟播技术管理月历

月份	旬期	节气	生育期	主攻目标
9 月	下旬	秋分	播种期	苗全、苗匀、苗齐、苗壮
10 月	上旬	寒露		
	中旬			
	下旬	霜降	出苗至 3 叶期	
11 月	上旬	立冬	冬前分蘖期	促根增蘖，培育壮苗
	中旬			
	下旬	小雪		
12 月	上旬	大雪	越冬期	保苗安全越冬
	中旬			
	下旬	冬至		
1 月	上旬	小寒		
	中旬			
	下旬	大寒		
2 月	上旬	立春		
	中旬			
	下旬	雨水		
3 月	上旬	惊蛰	返青期	促苗早发稳长
	中旬		起身期	蹲苗壮蘖
	下旬	春分		
4 月	上旬	清明	拔节期	促大蘖成穗
	中旬		抽穗至开花期	保花增粒
	下旬	谷雨		
5 月	上旬	立夏	灌浆期	养根护叶，增粒增重
	中旬			
	下旬	小满		
6 月	上旬	芒种	成熟期	丰产丰收

农业部对黄淮海旱地小麦少免耕机沟播技术模式的要求

预期目标产量：平均亩产 380 千克。

成本效益分析：亩均成本 700 元，亩均纯收益 151 元，适度经营规模325 亩。

关键技术路线：抗旱冬性或半冬性品种＋秸秆还田＋少免耕机械沟播＋机械喷防＋机械收获。

推荐农机配置：拖拉机＋秸秆还田机＋免耕播种机＋喷药机械＋联合收割机。

黄淮海旱地小麦机械条播镇压技术管理月历

月份	旬期	节气	生育期	主攻目标
9 月	下旬	秋分	播种期	苗全、苗匀、苗齐、苗壮
10 月	上旬	寒露		
	中旬			
	下旬	霜降	出苗至 3 叶期	
11 月	上旬	立冬	冬前分蘖期	促根增蘖，培育壮苗
	中旬			
	下旬	小雪		
12 月	上旬	大雪	越冬期	保苗安全越冬
	中旬			
	下旬	冬至		
1 月	上旬	小寒		
	中旬			
	下旬	大寒		
2 月	上旬	立春		
	中旬			
	下旬	雨水		
3 月	上旬	惊蛰	返青期	促苗早发稳长
	中旬		起身期	蹲苗壮蘖
	下旬	春分		
4 月	上旬	清明	拔节期	促大蘖成穗
	中旬		抽穗至开花期	保花增粒
	下旬	谷雨		
5 月	上旬	立夏	灌浆期	养根护叶，增粒增重
	中旬			
	下旬	小满		
6 月	上旬	芒种	成熟期	丰产丰收

农业部对黄淮海旱地小麦机械条播镇压技术模式的要求

预期目标产量：平均亩产 380 千克。

成本效益分析：亩均成本 683 元，亩均纯收益 168 元，适度经营规模 292 亩。

关键技术路线：抗旱冬性或半冬性品种＋秸秆还田＋旋耕整地＋机械条播＋机械镇压＋机械喷防＋机械收获。

推荐农机配置：拖拉机＋秸秆还田机＋旋耕机＋圆盘耙＋播种机＋镇压器＋喷药机械＋联合收割机。

（二）技术标准化

小麦标准化生产技术规程。

1. 范围

本标准化生产技术规程规定了小麦生产的品种选用及种子处理、茬口配置及耕作整地、施肥、田间管理、收获等技术要求。

气候正常年份，按本标准实施，小麦主产区每公顷产量可达3 370～3 375千克，达到优质的目的。

本标准适用于中、高筋粉类小麦生产。对于生产绿色小麦应另遵循绿色小麦生产标准。

2. 品种选用及种子处理

（1）品种选用　根据市场要求，选择适应当地生态条件，且经国家或者省级农作物品种审定委员会审定推广的优质高产、抗逆抗病性强的优良小麦品种，且种子质量符合（GB/T 4404.1—2008）的规定。

（2）种子处理　宜选用包衣种子，未包衣种子应在播种前选用安全高效杀虫、杀菌剂进行拌种，杀虫、杀菌剂的使用应符合《农作物薄膜包衣种子技术条件》（GB/T 15671—2009）的规定。

1）种衣剂包衣　在小麦病害严重的地区，要进行种子包衣。超微粉体种衣剂包衣，可有效地预防小麦腥、散黑穗病和根腐病等，还可促进种子萌发、幼苗生长和根系发育，提高植株抗逆力。超微粉体种衣剂使用量与种子的质量比为1:600，使用量小，可减少污染。

2）药剂拌种　用种子量0.2%的40%拌种双拌种，可防治小麦腥、散黑穗病；或用种子量0.3%的50%福美双可湿性粉剂拌种，可防治小麦腥、黑穗病，兼防根腐病。

3. 选茬、耕整地

（1）选茬　在合理轮作的基础上，最好选用大豆茬，避免甜菜茬。提倡连片种植，以提高机械作业效率。

（2）耕作整地　要坚持伏、秋整地。要求整平耙细，达到待播状态。前茬全部深松25～30厘米后耙茬作业，耙深12～15厘米。采取对角线法，不漏耙、不拖耙,耙后地表平整,高低差不大于3厘米。除土壤含水量过大的地块外,耙后应及时镇压,以防跑墒。耕整地作业后,要达到上虚下实,地块平整,地表无大土块,耕层无暗坷垃,每平方米2~3厘米直径的土块不得超过2块。3年深翻一次,提倡根茬还田。

4. 施肥

(1)有机肥 每公顷施22.5吨农家肥(有机质含量大于8%)或等效生物有机肥。

(2)化肥 提倡测土配方施肥,南部和北部地区每公顷施纯氮75千克,五氧化二磷90千克,氧化钾37.5千克;东部地区施纯氮90千克,五氧化二磷90千克,氧化钾67.5千克;西部地区施纯氮75千克,五氧化二磷90千克,氧化钾37.5千克。缺硼地区和地块,每亩做种肥施用硼肥2~3千克。

提倡底肥、种肥分施。未施底肥的地块,应种、肥分箱施入,以防烧苗。

5. 播种

土壤化冻达5~6厘米深时,及时播种。采用15厘米单条或30厘米双条播,边播种边镇压,镇压后的播深为3~4厘米,误差不大于±1厘米。

(1)密度 播种密度要根据品种特性、土壤肥力和施肥水平等确定。提倡精量或半精量播种。播种密度一般每公顷以400万~600万株为宜。

(2)播量及播量计算 按每公顷保苗株数、种子千粒重、发芽率、净度和田间保苗率(一般为90%)计算播种量。其公式如下:

每公顷播种量(千克)=每公顷保苗株数(万株)×千粒重(克)÷100×发芽率(%)×田间出苗率(%)。

播量确定后应进行播量试验和播种机单口流量调整。正式播种前还应进行田间播量矫正。

(3)播种质量 秋整地的地块,应早春耢地,耢平后播种。播种和镇压要连续作业。春季耙茬地块,应做到耙地、播种和镇压连续作业。播种过程中应经常检查播量,总播量误差不超过±2厘米。做到不重播、不漏播、深浅一致、覆土严密、地头整齐。

6. 田间管理

（1）压青苗　小麦 3 叶期压青苗，根据土壤墒情和苗情用镇压器镇压 1～2 次。采用顺垄压法，禁止高速作业。

（2）化学除草　为了防除阔叶杂草，在 3 叶期每公顷用 72% 2，4－D 丁酯乳油 900 毫升，或用 75% 巨星干悬浮剂 13.3～26.6 克，选晴天、无风、无露水时均匀喷施。防除单子叶杂草野燕麦、稗草可用 6.9% 骠马浓乳剂每公顷 75 毫升，或 10% 骠噙乳油每公顷 525 毫升，或 65% 野燕枯每公顷 1.5 千克，按药剂说明书对水喷施。

（3）防治病虫　小麦田每平方米有黏虫 30 头时，在幼虫 3～4 龄期，喷施菊酯类杀虫剂，每公顷 300～450 毫升，按药剂说明书对水喷施。防治赤霉病等病害时，每公顷用 50% 多菌灵可湿性粉剂或 50% 多福合剂 1.2～2.25 千克，按药剂说明书对水喷施。在每百穗有 800 头蚜虫时，用 50% 抗蚜威可湿性粉剂每公顷 30～40 克，对水 30～60 千克喷雾处理。

（4）追肥　为了提高粒重和改善品质，抽穗期和扬花前，每公顷用磷酸二氢钾 2.25 千克，加 5 千克尿素，加 2 千克 50% 多福合剂，按药剂说明书对水喷施。若生产富硒面粉，每公顷可用 1.5 千克硒肥，对水 100 千克喷施。为了节省作业成本，也可将农药与磷酸二氢钾、硒肥混合后对水喷施。

（5）生育期灌水　有灌水条件的地方，如遇春旱，于小麦 3 叶期至分蘖期灌水一次。每亩从总肥量中拿出 0.5 千克尿素随水灌施。

7. 收获

（1）收获时期　人工收获和机械分段收获在蜡熟后期进行，联合收割机收获在完熟初期进行。避免过晚收获。

（2）收割质量

1）机械收割　机械分段收获，割茬高度为 15～18 厘米。麦铺放成鱼鳞状，角度为 45°～75°，厚度为 8～12 厘米。放铺整齐，连续均匀，麦穗不接触地面。割晒损失率不得超过 1%。籽粒含水量下降到 18% 以下时，应及时拾禾脱粒。拾禾脱粒损失率不得超过 2%，联合收割机收割损失率不得超过

3%，破碎粒率不超过1%，清洁率大于95%。

2）人工收割　人工收割损失，每平方米不超过2穗，并要捆好、码好，及时拉运、脱粒。

各种收获方法均应防止出现芽麦，保证籽粒外观颜色正常，确保产品质量。

3）分品种单收单贮　以适应优质优价的需要。

8．贮藏

脱粒后及时晾晒、精选。分类、分等存放在清洁、干燥、无污染的仓库中。

（三）全程机械化

小麦生产全程机械化的主要环节包括耕作整地、播种、喷灌、施药、收获、秸秆还田等机械化技术。

1．耕作整地机械化

机械耕作整地要选用耕作整地犁和深松机，配套动力应为36.8千瓦以上的大中型拖拉机。要求犁体能实现上翻下松，碎土性能良好。

深松最好采用全方位深松机或凿铲式深松机，禁止用旋耕机以旋代耕。要求耕深23～25厘米，深松作业深度应在30厘米以上，打破犁底层，且深耕做到不漏耕、不重耕。

深耕应选用翻转深耕犁。

耕后用圆盘耙或旋耕机耙透耙细，无明暗坷垃，达到上松下实；畦播地区做畦后畦面应细平，保证浇水均匀，不冲不淤。

有条件时用鼠洞犁或深松机隔年深松，以破除犁底层，增加土壤蓄水保墒能力。

提倡采用犁底施肥机械，一次完成耕作和施肥过程。耕作时间上，一年两作地区小麦、玉米倒茬时间紧，应在玉米收获后抓紧进行耕地施肥。播种春小麦地区，耕整地最好在深秋初冬进行，以促进土壤熟化，积蓄雨雪，保墒蓄水。

整地质量要求：耕深≥20厘米，深浅一致，无重耕或漏耕，耕深及耕宽变异系数≤10％。犁沟平直，沟底平整，垡块翻转良好、扣实，以掩埋杂草、肥料和残茬。耕翻后应及时进行整地作业，要求土壤散碎良好，地表平整，满足播种要求。

2. 播种机械化

机械播种应根据各地播种习惯选用播种施肥联合作业机、精少量播种机、精播机、沟播机等。播种机配套动力一般选用8.8～13.2千瓦的小四轮拖拉机。种植规格，一般应适当扩大畦宽，配合机械收获的要求，厢宽以2.5～3.0米为宜。根据现今品种生物学特性，宜改目前20厘米或23厘米等行距种植为窄行（17厘米）等行距成11厘米×19厘米（株型紧凑型品种）和13厘米×19厘米（株型半紧凑品种）宽窄行机械条播，也可采用宽播幅缩行扩株种植。按种子发芽率、千粒重和田间出苗率计算播种量。

适时播种，抗寒性强的冬性品种在日平均气温16～18℃时播种，抗寒性一般的半冬性品种在14～16℃时播种。地力水平高、播期适宜而偏早的，栽培技术水平高的可取温度低限。

要重视播种机的质量，严格掌握播种行进速度，适速宜为每小时5千米，严格掌握播种深度，播种深度为3～5厘米，要求播量精确，行距一致，下种均匀，深浅一致，不漏播，不重播，播后覆土严密、深浅一致，地头地边播种整齐。

小知识   **小麦播种机的正确使用**

（1）播种机与拖拉机挂接后，不得倾斜，工作时应使机架前后呈水平状态。

（2）正式播种前，先在地头试播 10～20 米，观察播种机的工作情况，达到农艺要求后再正式播种。

（3）正式播种首先横播地头，以免将地头轧硬，造成播深太浅。

（4）播种时经常观察排种器、开沟器、覆盖器以及传动机构的工作情况，如发生堵塞、沾土、缠草、种子覆盖不严，应及时予以排除。

（5）播种机工作时，严禁倒退或急转弯，播种机的提升或降落应缓慢进行，以免损坏机件。

（6）播种作业时种子箱内的种子不得少于种子箱容积的 1/5；运输或转移地块时，种子箱内不得装有种子，更不能压装其他重物。

（7）调整、修理、润滑或清理缠草等工作，必须在停车后进行。

3. 喷灌与施药机械化

积极推广喷灌、滴灌、渗灌及管道灌溉等先进设施节水灌溉技术。所用设备有软管牵引绞盘式喷灌机、钢索牵引绞盘式移动喷灌机以及固定式喷灌机等。

施药用背负式喷雾器或自走式喷雾机即可。

麦田固定式喷灌机作业现场

4. 收获机械化

农场小麦收获采用小麦联合收割机收获。目前小麦联合收割机型号较多，各地可根据实际情况选用，购买播种机和联合收割机时，要注意联合收割机割幅与播种机播幅的配合。收获时间应掌握在蜡熟末期。小麦秸秆还田可培肥地力，在玉米套种地区小麦收获后，将秸秆抛撒在田间，利于保墒和培肥地力。玉米直播地区可以采用玉米贴茬直播机直接播种，但根据当地种植习惯，也可以用秸秆还田机粉碎秸秆、旋耕后播种下季作物。

知识链接 小麦机械化收获减损技术指导

农场化生产时，农机手应提前检查调试好收获机械，确定适宜收割期，执行小麦机收作业质量标准和操作规程，努力减少收获环节的抛撒损失。

1. 作业前机具检查调试

小麦联合收割机作业前要做好保养与调试，使机具达到最佳工作状态，以降低故障率，提高作业质量和效率。

（1）作业季节开始前的检查与保养　作业季节开始前要依据产品使用说明书对联合收割机进行一次全面检查与保养，确保机具在整个收获期能正常工作。经重新安装、

保养或修理后的小麦联合收割机要认真做好试运转，先局部后整体，认真检查行走、转向、收割、输送、脱粒、清选、卸粮等机构的运转、传动、操作、调整等情况，检查有无异常响声和三漏情况，发现问题及时解决。

（2）作业期间出车前的检查准备　作业前，要检查各操纵装置功能是否正常；离合器、制动踏板自由行程是否

适当；发动机机油、冷却液是否适量；仪表盘各指示是否正常；轮胎气压是否正常；传动链、张紧轮是否松动或损伤，运动是否灵活可靠；重要部位螺栓、螺母有无松动；有无漏水、渗漏油现象；割台、机架等部件有无变形等。备足备好田间作业常用工具、零配件、易损零配件及油料等，以便出现故障时能够及时排除。

（3）试割　正式收割前，选择有代表性的地块进行试割，以对机器调试后的技术状态进行一次全面的现场检查，并根据作业情况和农户要求进行必要调整。

试割时，采取正常作业速度试割20米左右距离，停机，检查割后损失、破碎、含杂等情况，有无漏割、堵草、跑粮等异常情况。如有不妥，对割刀间隙、脱粒间隙、筛子开度和风扇风量等视情况进行必要调整。调整后，再次试割，并检查作业质量，直到满足要求方可进行正常作业。

试割过程中，应注意观察、倾听机器工作状况，发现异常及时解决。

2. 确定适宜收割期

小麦机械化收割宜在蜡熟末期至完熟期进行，此时产量最高，品质最好。家庭农场种粮大户等新型农业经营主体收获期一般按籽粒含水量低于17%时收获。

确定收割期时，还要根据当时的天气情况、品种特性和栽培条件，合理安排收割顺序，做到因地制宜、适时抢收，争取颗粒归仓。小面积收割宜在蜡熟末期，大面积收割宜在蜡熟中期，以使大部分小麦在适收期内收获。留种用的麦田宜在完熟期收获。如雨期迫近，或急需抢种下茬作物，或品种易落粒、折秆、折穗、穗上发芽等，应适当提前收割。

3. 机收作业质量要求

根据 NY/T 995—2006《谷物（小麦）联合收获机械作业质量》要求，全喂入联合收割机收获总损失率≤2.0%、籽粒破损率≤2.0%、含杂率≤2.5%，无明显漏收、漏割。割茬高度应一致，一般不超过15厘米，留高茬还田最高不宜超过25厘米。为提高下茬作物的播种出苗质量，要求小麦联合收割机带有秸秆粉碎及抛撒装置，确保秸秆均匀分布地表。另外，也要注意及时与用户沟通，了解用户对收割作业的质量需求。

4. 减少机收环节损失的措施

收割过程中，应选择正确的作业参数，并根据自然条件和作物条件的不同及时对机具进行调整，使联合收割机保持良好的工作状态，减少机收损失，提高作业质量。

（1）选择作业行走路线 联合收割机作业一般可采取顺时针向心回转、反时针向心回转、梭形收割三种行走方法。在具体作业时，机手应根据地块实际情况灵活选用。转弯时应停止收割，采用倒车法转弯或兜圈法直角转弯，不要边割边转弯，以防因分禾器、行走轮或履带压倒未割麦子，造成漏割损失。

（2）选择作业速度 根据联合收割机自身喂入量、小麦产量、自然高度、干湿程度等因素选择合理的作业速度。通常情况下，采用正常作业速度进行收割。当小麦稠密、植株大、产量高、早晚及雨后作物湿度大时，应适当降低作业速度。

（3）调整作业幅宽 在负荷允许的情况下，控制好作业速度，尽量满幅或接近满幅工作，保证作物喂入均匀，防止喂入量过大，影响脱粒质量，增加破碎率。当小麦产量高、湿度大或者留茬高度过低时，以低速作业仍超载时，适当减小割幅，一般减少80%，以保证小麦的收割质量。

（4）保持合适的留茬高度　割茬高度应根据小麦的高度和地块的平整情况而定，一般以5~15厘米为宜。割茬过高，由于小麦高低不一或机车过田埂时割台上下波动，易造成部分小麦漏割，同时，拨禾轮的拨禾推禾作用减弱，易造成落地损失。在保证正常收割的情况下，割茬尽量低些，但最低不得小于5厘米，以免切割泥土，加快切割器磨损。

（5）调整拨禾轮速度和位置　拨禾轮的转速一般为联合收割机前进速度的1.1~1.2倍，不宜过高。拨禾轮高低位置应使拨禾板作用在被切割作物2/3处为宜，其前后位置应视作物密度和倒伏程度而定，当作物植株密度大并且倒伏时，适当前移，以增强扶禾能力。拨禾轮转速过高、位置偏高或偏前，都易增加穗头籽粒脱落，使作业损失增加。

（6）调整脱粒、清选等工作部件　脱粒滚筒的转速、脱粒间隙和导流板角度的大小，是影响小麦脱净率、破碎率的重要因素。在保证破碎率不超标的前提下，可通过适当提高脱粒滚筒的转速，减小滚筒与凹板之间的间隙，正确调整入口与出口间隙之比（应为4:1）等措施，提高脱净率，减少脱粒损失和破碎。清选损失和含杂率是对立的，调整中要统筹考虑。在保证含杂率不超标的前提下，可通过适当减小风扇风量、调大筛子的开度及提高尾筛位置等，减少清选损失。作业中要经常检查逐稿器机箱内秸秆堵塞情况，及时清理，轴流滚筒可适当减小喂入量和提高滚筒转速，以减少分离损失。

（7）收割倒伏作物　适当降低割茬，以减少漏割；拨禾轮适当前移，拨禾弹齿后倾 15°～30°，以增强扶禾作用。倒伏较严重的麦田，可采取逆倒伏方向收获、降低作业速度或减少喂入量等措施。

（8）收割过熟作物　小麦过度成熟时，茎秆过干易折断、麦粒易脱落，脱粒后碎茎秆增加易引起分离困难，收割时应适当调低拨禾轮转速，防止拨禾轮板击打麦穗造成掉粒损失，同时降低作业速度，适当调整清选筛开度，也可安排在早晨或傍晚茎秆韧性较大时收割。

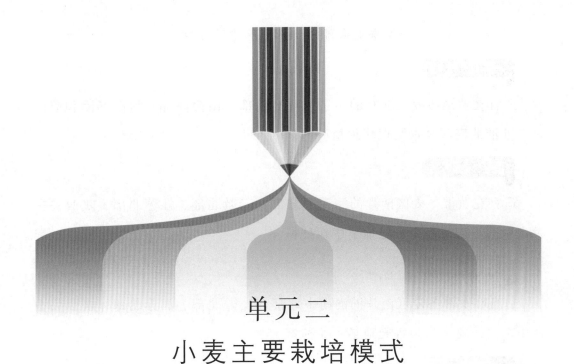

单元二
小麦主要栽培模式

单元提示

1. 小麦少免耕沟播生产模式和实操技术。

2. 小麦深松深耕机条播生产模式和实操技术。

一、黄淮海南部水浇地小麦少免耕沟播技术实操

（一）播前准备

1. 品种选择

选用高产、稳产、多抗、广适小麦品种，并做好药剂拌种或种子包衣。

黄淮海南部水浇地麦区推荐品种

济麦 22

适宜在黄淮冬麦区北片的山东、河北南部、山西南部、河南安阳和濮阳及江苏淮北麦区高水肥地块种植。

百农 AK58

适宜在黄淮冬麦区南片的河南中北部、安徽北部、江苏北部、陕西关中及山东菏泽麦区高中水肥地早中茬种植。

西农 979

适宜在黄淮冬麦区南片的河南中北部、安徽北部、江苏北部、陕西关中及山东菏泽麦区高中水肥地早中茬种植。

郑麦 366

适宜在黄淮冬麦区南片的河南中北部、安徽北部、陕西关中及山东菏泽麦区高中水肥地早中茬种植。

周麦 22

适宜在黄淮冬麦区南片的河南中北部、安徽北部、江苏北部、陕西关中及山东菏泽麦区高中水肥地早中茬种植。

烟农 19

适宜在山东省亩产 400～500 千克地块、安徽和江苏两省淮北麦区、山西南部及北京郊区中水肥地种植。

邯 6172

适宜在黄淮冬麦区北片的河北中南部、山西中南部和山东中上等水肥地，以及在黄淮冬麦区南片的江苏北部、安徽北部、河南中北部和陕西关中高中水肥地早茬种植。

烟农 21

适宜在黄淮冬麦区的山东、山西东南部，河南西北部，陕西渭北旱塬，河北东南部和甘肃天水麦区旱地种植。

新麦 26

适宜在黄淮冬麦区南片的河南（信阳、南阳除外）、安徽北部、江苏北部和陕西关中麦区高中水肥地块早中茬种植。

石麦 15

适宜在黄淮冬麦区北片的山东、河北中南部、山西南部中高水肥地，北部冬麦区的北京、天津、河北中北部、山西中部和东南部的水地，河北黑龙港流域半干旱地和肥旱地种植。

郑麦 7698

适宜在黄淮冬麦区南片的河南中北部、安徽北部、江苏北部和陕西关中麦区高中水肥地块早中茬种植。

衡观 35

适宜在河北中南部、山西南部种植，黄淮冬麦区南片的河南中北部、安徽北部、江苏北部、陕西关中地区、山东菏泽地区高中水肥地早中茬种植，长江中下游冬麦区的湖北省襄樊地区种植。

良星 66

适宜在黄淮冬麦区北片的山东、河北中南部、山西南部、河南安阳水地种植，黄淮冬麦区南片的河南（信阳、南阳除外）、安徽北部、江苏北部、陕西关中麦区高中水肥地块早中茬种植。

淮麦 22

适宜在黄淮冬麦区南片的河南中北部、安徽北部、江苏北部、陕西关中及山东菏泽地区高中水肥地块种植。

2. 秸秆还田

前茬作物收获后，秸秆机械粉碎还田，秸秆长度≤10厘米，均匀抛撒地表。

一是改善土壤的理化性质。秸秆还田后，由于新鲜腐殖质是在土体内部形成的，可以随即与土粒结合，促进土壤团粒结构的形成，改善土壤物理性质。

二是供给养分。秸秆直接还田时，能促进固氮微生物的固氮作用，从而增加了土壤中的氮素。另一方面秸秆还田有一定的保氮作用。这是因为秸秆可供给微生物生命活动所需的能量(碳素)。由于微生物的活动及繁殖结果，吸收了土壤中的速效氮，以合成体细胞，从而使氮素得到了保存。同时，秸秆还田对于微量元素的补充也有一定的作用。

秸秆还田的好处

三是秸秆直接还田可大大节约积肥运肥劳力。

3. 施足底肥

一般每亩底施纯氮（N）7~8千克，五氧化二磷（P_2O_5）6~8千克，氧化钾（K_2O）5~7千克，并增施有机肥。

查看土地肥力，播种前要施足底肥。小麦播前施肥措施"粗、细结合，氮、磷配合，粗肥、氮肥、磷肥三肥坐底"。

（二）精细播种

1. 播种期

10 月上中旬播种，日均气温 15～17℃。

2. 播种量

按每亩基本苗 15 万～20 万株确定播量，适播期下限之后播种，每推迟 1 天，每亩增播量 0.5 千克。每亩播种量最多不能超过 15 千克。

3. 免耕沟播

少免耕机械沟播，深度 3～5 厘米。

（三）冬前管理

1. 培育壮苗

冬前单株分蘖 3～5 个，次生根 5～8 条，每亩总茎蘖数 60 万～80 万穗，叶色正常，无病虫。

2. 化学除草

针对麦田杂草种类，11 月上中旬，选用适宜除草剂，通过机械喷施除草。

 **麦田化学除草技术（一）**

硬草、看麦娘、蜡烛草、网草、黑麦草、野燕麦等杂草为主的田块，可进行土壤处理或苗后茎叶处理。

土壤处理可使用异丙隆、高渗异丙隆等及其复配剂。

苗后茎叶处理可使用炔草酸、唑啉草酯、精恶唑禾草灵（骠马）等除草剂，也可使用异丙隆与炔草酸、唑啉草酯、精恶唑禾草灵等混配剂。

 **麦田化学除草技术（二）**

硬草、网草等杂草密度偏高、草龄偏大、施药偏晚的田块，可适当增加炔草酸、唑啉草酯、精恶唑禾草灵等除

草剂用药量。

 **麦田化学除草技术（三）**

多花黑麦草发生较重的田块，可使用氟唑磺隆（彪虎）、啶磺草胺（优先）、甲基二磺隆（世玛）、炔草酸（麦极）、唑啉草脂等进行防除。

 **麦田化学除草技术（四）**

婆婆纳、播娘蒿、牛繁缕、猪殃殃、荠菜、麦夹弓等阔叶杂草为主的田块，可选用噻磺隆、苯磺隆、氯氟吡氧乙酸（使它隆）、双氟·唑嘧胺（麦喜）、唑酮草脂（快灭灵）、2甲4氯等茎叶除草剂，或者使用使·甲合剂（使它隆＋2甲4氯）、苯·甲合剂（苯磺隆＋2甲4氯）、快·苯合剂（快灭灵＋苯磺隆）等混配剂。

 **麦田化学除草技术（五）**

禾本科和阔叶杂草混生田块，选择以上药剂，先防除一遍阔叶杂草，隔5~7天再防治一遍禾本科杂草，也可以使用炔草酸、唑啉草脂、精恶唑禾草灵与噻磺隆、苯磺隆、氯氟吡氧乙酸等药剂混配喷施。

注意事项：使用土壤处理剂，可于播后苗前选准药剂，加足药量，对足水量，均匀喷雾；使用苗后茎叶处理剂，应掌握宜早不宜迟的原则，在杂草（2~3叶）基本出齐后即可用药。冬季施药要抓住冷尾暖头突击用药，禁止在寒流来临前或寒流期间施药。稻茬麦田要撒盖土杂肥或练苗7天后施药。

3.冬前镇压

旋耕播种或秸秆还田麦田，冬前机械镇压，保苗安全越冬。

4.灌越冬水

气温下降至0~3℃，夜冻昼消时灌水，保苗安全越冬。

冬灌时间大概为11月中旬至12月初。

合理确定浇冻水的时间

冬灌的时间因气候条件和土质条件而异。一般当5厘米耕层土壤内平均地温为5℃，日平均气温为3℃，表土夜冻日消，水分能从土壤里渗下去时适宜冬灌。过早，气温偏高，蒸发量大，不能起到保温增墒的作用，长势较好的麦田，还会因水肥充足引起麦苗徒长，严重的引起冬前拔节，易造成冻害；过晚，温度偏低，水分不易下渗，形成积水，地表冻结，冬灌后植株容易受冻害死苗。

为保证小麦返青期土壤含水量适宜，一般土壤墒情不足，耕层沙土地含水量低于16%，壤土地含水量低于18%，黏土地含水量低于20%时都应冬灌。高于上述指标，土壤墒情较好，可以缓灌或不灌。对叶少、根少和没有分蘖或分蘖很少的弱苗麦田，尤其是晚播苗麦田不宜进行冬灌；对于群体大、长势旺的麦田，如墒情好，可推迟冬灌或不冬灌。底墒好、底肥充足的麦田亦可以不浇越冬水。

灌水要适量

冬灌时间以上午灌水，入夜前渗完为宜。一般每亩灌水量 45～50 米^3，灌水时水量不宜过大，对于缺肥麦田可结合冬灌进行追肥，一般每亩补施尿素 5～8 千克，浇水后要及时进行锄划保墒，提高地温，防止地表板结龟裂透风，伤根死苗，保证小麦安全越冬。

农谚说：不冻不消，冬灌嫌早；夜冻日消，灌水正好；只冻不消，冬灌晚了。

（四）春季管理

1. 控旺防倒

旺长麦田于起身期喷施植物生长延缓剂，控旺转壮。

2. 肥水运筹

返青期土壤相对含水量低于60％时，日均气温3～5℃时应及时浇返青水。拔节期结合浇水每亩追纯氮（N）7～8千克。

知识链接　春季小麦浇返青水注意事项

🔊 一看麦田墒情。如果麦田从解冻返浆到终止这段时间内，地表不返浆，说明墒情不足，需要早浇返青水。反之，应当推迟浇返青水的时间。

🔊 二看麦田冻结层。应在小麦冻结层完全化通时浇返青水。如果过早浇返青水，土层尚未完全化通，水分渗不下去而停留在土壤表层，造成上层水分过多，湿度过大，温度降低，通透性差，对于低洼黏重麦田，早浇水还会使小麦缺氧，产生硫化氢中毒，使根系发黄老化，甚至发生沤根死苗，不利于小麦的正常生长。

🔊 三看大气温度。气温是小麦生长的决定因素，当气温回升到0℃，叶片开始转绿；2℃时，根系生长；3℃时，茎叶开始生长；当平均气温达到5℃，小麦的地上部分和地下部分生长发育逐渐加快，抵御不良环境条件的能力逐渐增强，同时对水肥的需求量增加。所以，在日平均气温稳定在5℃以上时，可浇水施肥。

四看苗情。就是看麦苗的长势。越冬后小麦浇返青水的时机应该在小麦新根、新叶已经长出，具备了吸收水肥的能力时进行。在浇麦田顺序上，应该遵循先浇二类苗，后浇三类苗，最后再浇一类苗的顺序。这是因为：一类苗水肥充足，需要蹲苗，可以晚浇水；一般在拔节期开始浇第一水。三类苗太弱，浇早了地温回升慢，影响其正常生长，但是因为其总茎数偏少且苗黄苗弱，需要水肥促长，所以放在中间，创造三类苗升级的环境条件。

3. 机械喷防

春季麦田适时机械化学除草，重点防治纹枯病、条锈病、白粉病、赤霉病、吸浆虫、蚜虫等病虫害。

4. 防倒春寒

寒流来临之前应及时浇水预防"倒春寒"。发生幼穗冻害的麦田应及时结合浇水，每亩追施尿素5~7千克，促其尽快恢复生长。

（五）后期管理

1. 防旱浇水

孕穗期至籽粒形成灌浆期，当土壤相对含水量低于60%时，及时浇水，注意小水浇灌，防止倒伏。

2. 一喷三防

选用适宜杀虫剂、杀菌剂和磷酸二氢钾，各计各量，现配现用，机械喷防，防病、防虫、防早衰（干热风）。

小麦"一喷三防"技术要点

小麦"一喷三防"是在小麦穗期使用杀虫剂、杀菌剂、植物生长调节剂、微肥等混合喷施，达到防病虫、防干热风、防早衰、增粒重，确保小麦增产增收的关键措施。

小麦穗期是形成产量的关键时期，主要病虫害有蚜虫、条锈病、叶锈病、白粉病、赤霉病等，次要病虫害有一代棉铃虫、一代黏虫、颖枯病等，天敌有瓢虫、草蛉、食蚜蝇、蚜茧蜂等。

某地麦田病虫预测：①小麦蚜虫大发生，预计防治适期4月30日左右。②小麦锈病轻微发生。③小麦赤霉病预计将呈中等程度流行趋势。由于4月25至27日阴雨天气，发生程度将会加重。④小麦白粉病一般麦田偏轻发生，感病品种田中等发生。防治适期5月10日前后。⑤小麦一代棉铃虫小发生。

怎么办？

采取"一喷三防"技术措施。

1. 以防治锈病、白粉病、麦穗蚜为主的麦田，每亩用15%粉锈宁可湿性粉剂60克或80%戊唑醇可湿性粉剂8克、5%吡虫啉乳油20毫升再加含氨基酸水溶肥25毫升喷雾。

2. 以防治赤霉病、麦穗蚜为主的麦田，每亩用80%戊唑醇可湿性粉剂8克、5%吡虫啉乳油20毫升再加含氨

基酸水溶肥25毫升喷雾。

3．以防治叶枯病、麦穗蚜为主的麦田，每亩用15%粉锈宁可湿性粉剂60克或80%戊唑醇可湿性粉剂8克、5%吡虫啉乳油20毫升再加含氨基酸水溶肥25毫升喷雾。

注意事项：

（1）配制可湿性粉剂农药时，一定要先用少量水化开农药后，再倒入施药器械内，加剩余的水量，搅拌均匀后再喷施，以免药液不匀导致药害。对水量按药剂说明书。

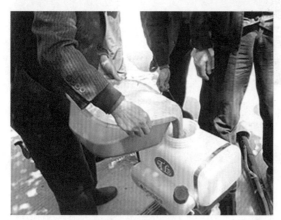

（2）用药量要准确。根据每亩用药量及用水量配制药液。配制采用标准计量器，切勿随意加药。

（3）田间喷药要选在无露水情况下进行，严格按农药操作规程操作，以免不安全事故发生。

（4）喷药后6小时内遇雨应补喷。

3．适时收获

籽粒蜡熟末期采用联合收割机及时收获，特别注意躲避"烂场雨"，防止穗发芽，确保丰产丰收。

（六）规模及效益

目标产量为亩产530千克时，亩平均纯收益为262元。对应的适度经营规模为187亩。

不同种植规模需要配套的农机装备：

100～200亩

推荐配置80马力拖拉机1台、小麦免耕播种机1台、秸秆还田机1台、喷药机械1台、收割机1台，共5台套。

201～500亩

推荐配置80马力拖拉机1台、小麦免耕播种机1台、秸秆还田机1台、喷药机械1台、收割机1台，共5台套。

501～2 000亩

推荐配置80～90马力拖拉机2台、秸秆还田机2台、小麦免耕播种机2台、喷药机械2台、90马力以上联合收割机1台，共9台套。

2001～5 000亩

推荐配置80～90马力拖拉机4台、秸秆还田机4台、小麦免耕播种机4台、喷药机械4台、90马力以上联合收割机2台，共18台套。

二、黄淮海南部水浇地小麦深松深耕机条播技术实操

该技术模式主要包括播前准备、精细播种、冬前管理、春季管理、后期管理5个生产环节，重点做好选用适宜品种、高质量整地播种、科学肥水运筹、防治病虫草害与适期机械收获等主要关键技术。

（一）播前准备

1. 选用良种

常言道："种子不好，丰收难保，种子不纯，坑死活人。"种子是一年丰收的保证。在生产实际中，应根据各地气候、土壤、地力、种植制度、产量

水平和病虫害情况等自然和生态条件，因地制宜、因种制宜、因时制宜选择品种，做到主导品种突出、搭配品种合理、良种良法配套，最大限度地发挥品种的增产潜力。科学研究和生产实践表明，一般应选用分蘖力强、分蘖成穗率高，株型紧凑、抗倒伏能力强，后期光合能力强、单株生产力高、落黄好，丰产潜力大、综合抗病抗逆性好的小麦品种。

小麦原种

种子选用注意事项
- 选通过国家或省作物新品种审定委员会审定的品种。
- 选品种审定公告中适宜当地种植的品种。
- 选国家及当地农业管理部门推荐的品种。
- 选可信赖的农业技术专家推荐的品种。
- 选自己或邻居经多年种植表现良好的品种。
- 选种子来源渠道正规、市场信誉度高的大型种业企业或种子公司的品种。

2. 种子与土壤处理

由于受耕作、气候条件变化、机收跨区作业和跨区调种等因素影响，易引发小麦纹枯病、全蚀病、根腐病、胞囊线虫病等根部和茎基部病害，还会导致条锈病、赤霉病、吸浆虫和地下害虫等危害加重。因此，各地在小麦播前应做好种子与土壤处理工作。

一是精选种子与晒种。选用发芽率高、发芽势强、无病虫、无杂质并且

52

大而饱满、整齐一致的籽粒做种。播前晒种 2～3 天，可以促进种子后熟，出苗快而齐。

二是提倡用种衣剂进行种子包衣，预防苗期病虫害。没有用种衣剂包衣的种子要用药剂拌种。根病发生较重的地块，选用 2% 戊唑醇（立克莠）、2.5%（氟咯菌腈）适乐时、12.5% 硅噻菌胺（全蚀净）、3%（苯醚甲环唑）敌委丹，以上种衣剂按种子量的 0.1%～0.15% 取原药稀释后拌种；地下害虫发生较重的地块，选用 40% 甲基异柳磷乳油或 35% 甲基硫环磷乳油，按种子量的 0.2% 取原药稀释后拌种；病、虫混发地块用以上杀菌剂 + 杀虫剂混合拌种。

三是整地时要进行土壤处理。一般每亩用 40% 辛硫磷乳油 0.3 千克，对水 1～2 千克，拌细土 25 千克制成毒土，耕地前均匀撒施地面，随耕地翻入土中，可有效防治或减轻地下害虫的危害。

种子包衣处理的好处：①防病虫。②提高种子活力。③提高播种质量。④促麦苗早长快发。⑤促根增蘖。⑥提高粒重。

3. 秸秆还田

秸秆还田，是补充和平衡土壤养分、改善土壤结构的有效方法。目前，我国小麦主产区，耕作层土壤的有机质含量普遍不高，培肥土壤除增施有机肥外，提高土壤有机质含量的另一个主要途径就是作物秸秆还田，而影响秸秆还田推广进程的主要因素是还田质量太差，直接影响播种质量和农民秸秸还田积极性。上茬玉米秸秆还田时要确保作业质量，尽量将玉米秸秆粉碎细小一些，一般要用玉米秸秆还田机打两遍，秸秆长度低于10厘米，最好在5厘米左右。同时，各地要大力推行玉米收获和秸秆还田联合收割机。

尽量将玉米秸秆粉碎细小一些。

据测定，每亩还田玉米秸秆 500～700 千克，一年之后，土壤中的有机质含量能相对提高 0.05%～0.15%，土壤孔隙度能提高 1.5%～3%。

秸秆还田存在问题——切得不碎、撒得不匀、翻得不深、压得不实、烂得不快。

4. 耕作整地

耕作整地是小麦播前准备的主要技术环节，整地质量与小麦播种质量有着密切关系。因此，麦播前应突出抓好以深耕（松）、镇压高质量整地技术，应做到"三个必须"：

一是凡旋耕播种的地块必须镇压耙实，且应保证旋耕深度达到15厘米以上。

二是凡连年旋耕麦田必须隔年深耕或深松一次，且深松必须旋耕（深度15厘米），实行"两（年）旋（耕）一（年）深（耕或松）"的轮耕制度，以打破犁底层，并做到机耕机耙相结合，切忌深耕浅耙。

三是秸秆还田地块必须深耕，将秸秆切入土层，耙压踏实，以夯实麦播基础，增强抗灾能力，力争全生育期管理主动。

深耕选用翻转犁，深度15厘米为宜。

（1）整地标准　"耕层深厚、土碎地平、松紧适度、上虚下实"十六字标准。

（2）具体要求　"早、深、净、细、实、平、透"。

早：早腾茬。

深：耕深20～30厘米，可使小麦增产15%～25%。

净：田间无杂草或秸秆等杂物。

细：无坷垃，"小麦不怕草，就怕坷垃咬"。

实：表土细碎，下无架空暗垡，达到上虚下实。

平：耕前粗平，耕后复平，作畦后细平，使耕层深浅一致。

透：耕深一致，不漏耕。

农谚："深耕一寸，顶上一遍粪""耕得深又早，庄稼百样好"。

5. 耙耢镇压

耕翻后土壤耙耢、镇压是高质量整地的一项重要技术。耕翻后耙耢、镇压可使土壤细碎，消灭坷垃，上松下实，底墒充足。因此，各类耕翻地块都要及时耙耢。尤其是采用秸秆还田和旋耕机旋耕地块，由于耕层土壤悬松，容易造成小麦播种过深，形成深播弱苗，影响小麦分蘖的发生，造成穗数不足，降低产量；此外，该类地块由于土壤松散，失墒较快。所以必须耕翻后尽快耙耢、镇压2～3遍，以破碎土垡，耙碎土块，疏松表土，平整地面，上松下实，减少蒸发，抗旱保墒；使耕层紧密，种子与土壤紧密接触，保证播种深度一致，出苗整齐健壮。

6. 备足肥料，科学施肥

要在秸秆还田的基础上，广辟肥源，为麦田备足肥料，且做到合理科学施用。具体措施如下：

一是增施农家肥，努力改善土壤结构，提高土壤耕层的有机质含量。一般高产田亩施有机肥3 000～4 000千克，中低产田每亩施有机肥2 500～3 000千克。

二是要科学配方，优化施肥比例，因地制宜合理确定化肥基施比例，优化氮磷钾配比。高产田一般全生育期每亩施纯氮（N）16～18千克，五氧化二磷（P_2O_5）7.5～9千克，氧化钾（K_2O）10～12千克，硫酸锌1千克；

中产田一般每亩施纯氮（N）14～16千克，五氧化二磷（P_2O_5）6～7.5千克，氧化钾（K_2O）7.5～10千克；低产田一般亩施纯氮10～14千克，五氧化二磷（P_2O_5）8～10千克。高产田要将全部有机肥、磷肥，氮肥、钾肥的50%作底肥，第二年春季小麦拔节期追施50%的氮肥、钾肥。中、低产田应将全部有机肥、磷肥、钾肥，氮肥的50%～60%作底肥，第二年春季小麦起身拔节期追施40%～50%的氮肥。

三是要大力推广化肥深施技术，坚决杜绝地表撒施。基肥要结合深耕整地，均匀撒施翻埋在土里，切忌暴露在地面上。化肥提倡深施。若施肥量较少，应采取集中施肥法；较多的还是以普施为好，然后翻耕。施肥量多时，可以分层施用，用3/5的粗肥，在耕地前撒施深翻，然后用2/5优质粗肥连同要施的磷肥、氮肥混后耙地前撒施浅埋入土中。

四是秸秆还田的地块为了防止碳氮比失调，造成土壤中氮素不足，微生物与作物争夺氮素，导致麦苗会因缺氮而黄化、瘦弱，生长不良，需另外增施10～15千克尿素，以加快秸秆腐烂，使其尽快转化为有效养分，以防止发生与小麦争氮肥的现象。

冬小麦施肥建议

产量水平 （千克/亩）	氮（N） （千克/亩）	五氧化二磷（P_2O_5） （千克/亩）	氧化钾（K_2O） （千克/亩）
600 以上	14～18	8～10	8～10
500～600	12～14	6～8	5～8
400～500	10～12	4～6	0～5
400 以下	8～10	3～4	0～5

7. 规范作畦

小麦畦田化栽培有利于精细整地，保证播种深浅一致，浇水均匀，节省用水。因此，秋种时，各类麦田，尤其是有水浇条件的麦田，一定要在整地时打埂筑畦。畦的大小应因地制宜，水浇条件好的要尽量采用大畦，水浇条件差的可采用小畦。畦宽 1. 65~3 米，畦埂 40 厘米左右。在确定小麦播种行距和畦宽时，要充分考虑农业机械的作业规格要求和下茬作物直播或套种的需求。

（二）高质量播种

高质量播种是保证小麦苗全、苗匀、苗壮及促使群体合理发展和实现小麦丰产的基础。播种时应重点抓好以下几个环节：

1. 足墒播种

小麦出苗的适宜土壤湿度为田间持水量的 70%~80%。秋种时若墒情适宜，要在秋作物收获后及时耕翻，并整地播种；墒情不足的地块，要注意造墒播种。田间有积水的地块，要及时排水晾墒。在适播期内，应掌握"宁可适当晚播，也要造足底墒"的原则，做到足墒下种，确保一播全苗。尤其玉米秸秆还田地块，一般墒情条件下，均应造墒播种。造墒时，每亩灌水 40~50 米^3。

2. 适期播种

"迟播弱，早播旺，适时播种麦苗壮。"温度是决定小麦播种期的主要因素。冬小麦冬前苗情的好坏，除水肥条件外，和冬前积温多少有密切关系。能否充分利用冬前的积温条件，取决于适宜播期的确定。在生产上应根据品种特性和当年气象预报加以适当调整。一般情况下，小麦冬前形成壮苗，从播种至越冬开始须满足 0℃ 以上积温 570~650℃ 为宜。各地要因地制宜地确定适宜播期。

春性品种早播冬前旺长

年前冻害与品种和播期关系密切

麦苗旺长遭受冬季冻害的两个因素

小麦叶蘖遭受冬季冻害死亡顺序为：先小蘖后大蘖再主茎，最后冻死分蘖节。

10月1日播种：主茎、所有分蘖及分蘖节全部冻死。

10月10日播种：中小分蘖和部分大分蘖冻死，主茎和分蘖节未遭受冻害。

10月20日播种：只是叶片受冻，主茎和所有分蘖均未遭受冻害。

确定品种播期

　　如何确定适宜播期：①看品种特性。冬性品种宜早播，半冬性品种次之，春性品种较晚播。同一类型品种中，冬性（春）性强者播期适当提早（拖迟），冬（春）性弱者宜适当拖迟（提早）。②地理位置和地势。纬度和海拔越高，播期应早一些，大约海拔每增加100米，播期提早4天，在同一海拔，纬度递减1°，则播期推迟4天左右。③冬前积温。根据小麦越冬的壮苗标准（春性6叶1心，半冬性7叶1心）和每长一片叶所需的积温约70℃，根据积温确定播期的具体方法是：从当地多年的气象资料中，找出昼夜平均温度稳定降到0℃的日期，由后向前推算，将逐日昼夜平均温度大于0℃的温度累加起来，直到总和达到或接近所要求的积温指标那一天，可作为理论上的最适播期。这一天的前后 3 天左右，可作为该地区各类品种的适宜播种期范围。④土、肥、水条件。黏土质地紧密，通透性差，播期宜早；沙土地播种期宜晚；盐碱地不发小苗，播期宜早。水肥条件好，麦苗生长发育速度快，播期宜晚；旱地或缺墒时，播期宜早。

3. 适量播种

小麦的适宜播量因品种、播期、地力水平等条件而异，"以地定产，以产定穗，以穗定苗，以苗定种"是确定小麦播种量的原则。具体要根据每个地块近几年的水肥条件和管理水平，定出该地块的产量指标，再根据预定的每亩产量算出所需要的每亩穗数，有了每亩穗数再根据品种和播期算出所需要的基本苗数，根据需要的基本苗数和种子的发芽率及田间出苗率，算出播种量，其计算公式为：每亩播种量（千克）＝每亩基本苗数（万株）×千粒重（克）×0.01/［发芽率（％）×80％（田间出苗率）］。

因不同品种的分蘖成穗数和适宜亩穗数差别较大，播种量应有不同。一般播期早、冬前积温较多、分蘖力强、成穗率高的品种，基本苗宜稀，播量应适当减少，播期晚的相反；土壤肥力基础较高、水充足的麦田，小麦分蘖多、成穗多、基本苗亦宜稀，播量宜少；地力瘠薄、水肥条件差的麦田，分蘖少，成穗率低，播量宜适当增加。特别是近几年，由于持续干旱、低温冻害等不利天气因素的影响，不少地区农民播种量大幅增加，致使小麦生产存在着旺长和倒伏的巨大隐患，非常不利于小麦的高产稳产。因此，各地一定要加大精播半精播的宣传和推广力度，坚决制止大播量现象。在适期播种情况下，分蘖成穗率低的大穗型品种，每亩适宜基本苗 18 万～24 万株；分蘖成穗率高的中穗型品种，每亩适宜基本苗 12 万～18 万株。在此范围内，高产田宜少，中产田宜多。晚于适宜播种期播种，每晚播 2 天，每亩增加基本苗 1 万～2 万株。旱作麦田每亩基本苗 16 万～20 万株，晚茬麦田每亩基本苗 25 万～30 万株。

大播量：
15 千克 / 亩

小播量：8 千克 / 亩　　中播量：11 千克 / 亩

4. 适深播种

"一寸浅、二寸深、不深不浅寸半深。"小麦的播种深度对种子出苗及出苗后的生长均有很大影响。根据科学研究和生产实践证明，在土壤墒情适宜的条件下适期播种，播种深度一般以 3 ~ 5 厘米为宜。底墒充足、地力较差和播种偏晚的地块，播种深度以 3 厘米左右为宜；墒情较差、地力较肥的地块以 4 ~ 5 厘米为宜。大粒种子可稍深，小粒种子可稍浅。

播种过深造成分蘖缺位弱苗

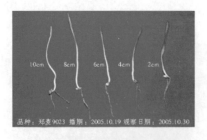

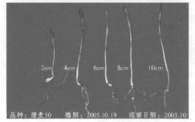

不同播种深度对小麦幼苗出土和麦苗素质的影响

5. 革新播种方式，实现机械精匀播种

一是改传统宽行距（22～26 厘米）密集条播为缩行（距）扩株（距），窄行（距）（15～20 厘米）等行距，或 11 厘米×19 厘米（株型紧凑型品种）和 13 厘米×20 厘米（株型半紧凑型品种）宽窄行均匀播种。

二是改常规线式条播为宽幅带播，以增大单株营养面积，减少个体竞争，培育壮苗。积极推广宽幅精量播种，改常规密集线式条播为宽播幅（8 厘米）种子分散式粒播，有利于种子分布均匀，减少缺苗断垄、疙瘩苗现象，克服了传统播种机密集条播，籽粒拥挤，争肥，争水，争营养，根少、苗弱的生长状况，以奠定高质量群体起点，改善植株田间分布均匀度，优化群体质量。此外，还应注意播种机不能行走太快，以每小时 5 千米为宜，以保证下种均匀、深浅一致、行距一致、不漏播、不重播。

小麦宽幅播种与出苗状况

6. 播后镇压

多年生产调查发现，小麦种植户常忽视播后镇压工序，且有些播种机根本没有配备镇压装置，致使小麦播种后常因未进行有效镇压，在遇到干旱、低温等严重自然灾害时易导致大量黄苗、死苗，造成减产。因此，小麦播后镇压是抗旱、防冻和提高出苗质量的重要措施，可为小麦安全越冬、来年生长和增产提供有力保障。尤其是对于秸秆还田和旋耕未耙实的麦田，一定要在小麦播种后用镇压器多遍镇压，保证小麦出苗后根系正常生长，提高抗旱能力。

 **小麦播后镇压主要优点**

优点一：创造小麦良好生长环境。合理镇压能减少土壤中的大空隙，使种子与土壤充分密接，为种子发芽、出苗、生长提供一个松紧适度的环境。同时，镇压能使绝大多数种子吸收水分和养分一致，保证种子能够迅速发芽出苗。

优点二：提高田间出苗率和播种质量。旋耕播种麦田表层土壤疏松，若不耙耢直接播种，常造成播种深浅不一，形成深播弱苗或露籽苗，严重影响小麦分蘖，且播种后土壤失墒较快，直接影响次生根的萌发和下扎。因此，有效镇压能保证小麦出苗率，达到全苗、壮苗，为丰产打下良好的基础。

优点三：增强小麦抵抗自然灾害的能力。镇压可有效压实土壤、压碎土块、平整地面，促使过于疏松的耕层土壤密实，保持耕层土壤中的水分含量，使种子与土壤紧密接触，根系得到及时萌发与伸长，并下扎到深层土壤，有利于根系从深层土壤中吸收水分和养分，保证麦苗整齐健壮，提高抗旱能力。

播后镇压注意事项：

①一般墒情条件下，应随播种随镇压；土壤较松软时在播种时应适当调整镇压强度，以保证土壤适当的紧密度。

②土壤墒情较差时，播种后应采用专用镇压器进行重镇压，以增加土壤的紧密度，使土壤中的下层水分上升，以利于种子发芽、出苗。

③土壤过湿的麦田，应适当推迟镇压时间，以防地表板结影响出苗。

三、小麦生育期管理要点

（一）小麦冬前及越冬期管理

冬小麦从出苗到越冬具有"三长一完成"的生育特点，即长叶、长根、长分蘖和完成春化阶段。其田间管理的调控目标：在适播期高质量播种，争取麦苗达到齐、匀、全，促弱控旺，促根增蘖，力促年前成大蘖和壮蘖，培育壮苗，为翌年多成穗、成大穗奠定良好基础，并协调好幼苗生长与养分贮存的关系，确保麦苗安全越冬。

1. 查苗补种，疏密补缺，实现苗全苗匀

生产上由于漏种、播种操作不当、地下害虫危害等原因，时常造成缺苗断垄现象发生。小麦出苗后，要及时进行田间查苗补种。对于间距在10厘米以上严重缺苗断垄地块，要及时用同一品种的种子进行浸种催芽开沟补种，墒情差时要顺沟少量浇水再补种，种后盖土踏实。还可以在小麦分蘖后就地进行疏密补稀带蘖移栽，移栽时覆土深度以"上不压心，下不露白"为原则，并及时适量浇水，保证成活。对播量大而苗多者或田间疙瘩苗，要采取疏苗措施，保证麦苗密度适宜，分布均匀。

2. 浇水与划锄

对于墒情较差、出苗不好的麦田应及早浇水；对整地质量差、土壤暄松的麦田先镇压后浇水。对晚播且墒情差的麦田及时浇蒙头水。浇水后适时划锄，破除板结，松土保墒，促进根系生长，为保证苗全、苗壮打下良好基础。

对于播种时墒情充足，播后有降雨，墒情适宜，且地力较高，群体适宜或略偏大的麦田，冬前可不浇水；对于没有浇水条件的麦田，在每次降雨后要及时中耕保墒。

3. 适时中耕镇压

每次降雨或浇水后要适时中耕保墒，破除板结，促根蘖健壮发育。对群体过大过旺麦田，可采取深中耕断根或镇压措施，控旺转壮，保苗安全越冬。对秸秆还田没有造墒的麦田，播后必须进行镇压，使种子与土壤接触紧密。对秋冬雨雪偏少，口墒较差，且坷垃较多的麦田应在冬前适时镇压，保苗安全越冬。

4. 看苗分类管理

弱苗管理

对因误期晚播，积温不足，苗小、根少、根短的弱苗，冬前只宜浅中耕，以松土、增温、保墒，促苗早发快长。冬前一般不宜追肥浇水，以免降低地温，影响幼苗生长。对整地粗放，地面高低不平，明、暗坷垃较多，土壤悬松，麦苗根系发育不良，生长缓慢或停止的麦田，应采取镇压、浇水、浇后浅中耕等措施来补救。对播种过深，麦苗瘦弱，叶片细长或迟迟不出的麦田，应采取镇压和浅中耕等措施以提墒保墒。对于因地力、墒情不足等造成的弱苗，要抓住冬前有利时机追肥浇水，一般每亩追施尿素10千克左右，并及时中耕松土，促根增蘖、促弱转壮。

壮苗管理

对壮苗应以保为主，要合理运筹肥水及中耕等措施，以防止其转弱或转旺。对肥力基础较差，但底墒充足的麦田，可趁墒适量追施尿素等速效肥料，以防脱肥变黄，促苗一壮到底。对肥力、墒情均不足，只是由于适时早播，生长尚属正常的麦田，应及早施肥浇水，防止由壮变弱。对底肥足、墒情好，适时播种，生长正常的麦田，可采用划锄保墒的办法，促根壮蘖，灭除杂草，一般不宜追肥浇水。若出苗后长期干旱，可普浇一次分蘖盘根水；若麦苗长势不匀，可结合浇分蘖水点片追施尿素等速效肥料；若土壤不实，可浇水以踏实土壤，或进行碾压，以防止土壤空虚透风。

旺苗管理

对于因土壤肥力基础较高、底肥用量大、墒情适宜、播期偏早而生长过旺，冬前群体有可能超过100万株的麦田，应采取深中耕或镇压等措施，以控大蘖促小蘖，争取麦苗由旺转壮。对于地力并不肥，只是因播种量大，基本苗过多而造成的群体大，麦苗徒长，根系发育不良，且有旺长现象的麦田，可采取镇压并结合深中耕措施，以控制主茎和大蘖生长，控旺转壮。

5. 适时冬灌，保苗安全越冬

小麦越冬前适时冬灌是保苗安全越冬、早春防旱、防倒春寒的重要措施。对秸秆还田、旋耕播种、土壤悬空不实或缺墒的麦田必须进行冬灌。冬灌应注意掌握以下技术要点：

（1）适时冬灌　冬灌过早，气温过高，易导致麦苗过旺生长，且蒸发量大，入冬时失墒过多，起不到冬灌应有的作用。灌水过晚，温度太低，土壤冻结，水不易下渗，很可能造成积水结冰而死苗，对小麦根系发育及安全越冬不利。适时冬灌的时间一般在日平均气温7~8℃时开始，到0℃左右夜冻昼消时完成，即在"立冬"至"小雪"期间进行。

（2）看墒看苗冬灌　小麦是否需要冬灌，一要看墒情，凡冬前土壤含水量沙土地在15%左右，两合土在20%左右，黏土地在22%左右，地下水位又高的麦田可以不冬灌；凡冬前封湿度低于田间持水量80%且有水浇条件的麦田，都应进行冬灌。二要看苗情，单株分蘖在1.5个以上的麦田，冬灌比较适宜，一般弱苗特别是晚播的单根独苗，最好不要冬灌，否则容易发生冻害。

（3）按顺序冬灌　一般是先灌渗水性差的黏土地、低洼地，后灌渗水性强、失墒快的沙土地；先灌底墒不足或表墒较差的二、三类麦田，后灌墒情较好、播种较早，并有旺长趋势的麦田。

（4）适量冬灌　冬灌水量不可过大，以能浇透当天渗完为宜，小水慢浇，切忌大水漫灌，以免造成地面积水，形成冰层使麦苗窒息而死苗。

（5）灌后划锄　浇过冬水后的麦田，在墒情适宜时要及时划锄松土，以免地表板结龟裂、透风伤根而造成黄苗死苗。

（6）追肥与冬灌　对于基肥较足、地力较好的麦田，浇冬水时一般不必追肥。但对于没施基肥或基肥用量不足、地力较差的麦田，或群、个体达不到壮苗标准（每亩群体在50万株以下），可结合浇越冬水追氮素肥料，一般每亩追施尿素5~7.5千克，以促苗升级转化。除氮肥外，基肥中没施磷钾肥的麦田，还应在冬前追施磷钾肥。

特别提示：对于墒情较好的旺长麦田，可不浇越冬水，采取冬前镇压技术以控制地上部旺长，培育冬前壮苗，防止越冬期低温冻害。

冬灌作用

1. 冬灌后可缓和地温剧烈变化，防止和避免冻害发生。

2. 预防春旱，为春季顺利及早返青积蓄水分，具有冬水春用效果。

3. 踏实土壤，粉碎坷垃，消灭越冬害虫。

6. 积极推广"杂草冬治"

积极推广杂草于冬前11月中下旬至12月上旬进行防除，因此时田间杂草基本出齐（出土80%~90%），且草小（2~4叶），抗药性差，小麦苗小（3~5叶），遮蔽物少，暴露面积大，着药效果好，一次施药，基本全控，而且施药早间隔时间长，除草剂残留少，对后茬作物影响小，是化学除草最佳时期。农民习惯春季除草，用药量大，防治成本高，易产生药害和影响下茬作物生长。因此，于11月上中旬至12月上旬，日平均气温10℃以上时及时防除麦田杂草。对野燕麦、看麦娘、黑麦草等禾本科杂草，每亩用6.9%精恶唑禾草灵水乳剂60~70毫升或10%精恶唑禾草灵乳油30~40毫升，对水 30 千克喷雾防治；对播娘蒿、荠菜、猪殃殃等阔叶类杂草，每亩可用 75% 苯磺隆干悬浮剂 1.0 ~ 1.8 克，或 10% 苯磺隆可湿性粉剂 10 克，或 20% 使它隆乳油 50 ~ 60 毫升加水 30 ~ 40 千克喷雾防治。

7. 及早防治病虫害

越冬前是小麦纹枯病的第一个盛发期，每亩可用 12.5% 烯唑醇（禾果利）可湿性粉剂 20 ~ 30 克，或 15% 粉锈宁（三唑酮）可湿性粉剂 100 克，对水 50 千克均匀喷洒在麦株茎基部进行防治。

2014 年某地小麦纹枯病严重发生，主要原因：疏忽种子包衣与土壤处理，秋季不防治，春季防治晚且用药量小。

对蛴螬、金针虫等地下虫危害较重的麦田，每亩用 40% 甲基异柳磷乳油或 50% 辛硫磷乳油 500 毫升对水 750 千克，顺垄浇灌；或每亩用 50% 辛硫磷乳油或 48% 毒死蜱乳油 250 ~ 300 毫升稀释 10 倍，拌细土 40 ~ 50 千克，结合锄地施入土中。

对麦黑潜叶蝇发生严重的麦田，每亩用 40% 乐果乳油 80 毫升，加 4.5% 高效氯氰菊酯乳油 30 毫升对水 40 ~ 50 千克喷雾；或用 1% 阿维菌素乳油 3 000 ~ 4 000 倍液喷雾，同时兼治小麦蚜虫和红蜘蛛。对小麦胞囊线虫病发生严重田块，每亩用 5% 线敌颗粒剂 3.7 千克，在小麦苗期顺垄撒施，撒后及时浇水，提高防效。

8. 严禁畜禽啃青

"牛羊吃叶猪拱根，小鸡专叨麦叶心。"畜禽啃青，直接减少光合面积，严重影响干物质的生产与积累；啃青损伤植株，使其抗冻耐寒能力大大降低；啃去主茎或大蘖后，来春虽可再发小蘖并成穗，但分蘖成穗率明显下降，且啃青后的小蘖幼穗分化开始时间晚，历期短，最终导致穗小粒少，茎秆纤弱，易倒伏，且成熟期推迟，粒重大幅度下降。一般啃青次数越多，减产越严重。因此，各级各类麦田均要加强冬前麦田管护，管好畜禽，杜绝畜禽啃青，以免影响小麦产量。

（二）春季麦田管理

春季小麦的根、茎、叶、蘖、穗等器官进入旺盛生长阶段。

管理措施"过时不候"，即错过了关键管理时期，缺失难以弥补。因此，春季是小麦一生中管理的关键时期，也是培育壮秆、多成穗、成大穗的关键时期。小麦生育后期出现的倒伏、穗小、粒少等许多问题往往是在此期间形成的。因此，此期应根据小麦生育特点及苗情类型，通过合理水肥管理，处理好春发与稳长、群体与个体、营养与生殖生长和水肥需求临界期与供应矛盾，促进分蘖两极分化集中明显，促穗花平衡发育，创造合理群体结构，实现秆壮、穗多、穗齐、穗大、粒多，保证茎叶稳健生长，并防止倒伏及病虫害，为后期生长奠定良好基础。主要管理措施有：

春季小麦生长特点	生长发育快:经历返青、起身、拔节、孕穗、挑旗、开花等阶段。
	气温变化大:温度忽高忽低,常出现倒春寒。
	矛盾多:存在地上与地下、群体与个体、营养生长与生殖生长多重矛盾。
	苗情转化快:管得好,弱苗和旺苗可转为壮苗;管得不好,壮苗会转成弱苗和旺苗。

1. 早春镇压

镇压次数和强度应视苗情而定。一般旺苗要重压,且连续压2~3次。弱苗要轻压,以免损伤叶片,影响分蘖。镇压时还要注意土壤条件,土壤过湿不压,有露水、冰冻时不压,盐碱土不宜镇压,以免引起返盐。在低洼地区冬季有"凌抬""根拔"冻害的,及时进行镇压,使根系与土壤密接,可以减轻冻害死苗。

早春麦田镇压

2. 因苗制宜,分类管理

看苗管理是小麦农场化生产的必要环节。

苗情标准是衡量麦苗好坏的指标,也是看苗管理的依据,根据经验,小麦苗情分为四类,详见下表。

小麦苗情划分标准

生长时期	苗情类别	划分指标			
		群体茎蘖数（万株/亩）	单株分蘖数（个）	3叶以上大蘖数（个）	单株次生根数（条）
冬前	旺　苗	>80	>6	>4	>8
	一类苗	60～80	4～6	2.5～4	5～8
	二类苗	45～60	2.5～4	1.5～2.5	3～5
	三类苗	<45	<2.5	<1.5	<3
春季	旺　苗	>100	>7.5	>5.5	>11
	一类苗	80～100	5.5～7.5	3.5～5.5	8～11
	二类苗	60～80	3.5～5.5	2.5～3.5	6～8
	三类苗	<60	<3.5	<2.5	<6

一类苗麦田

应积极推广氮肥后移技术，推迟肥水至拔节中后期，即在基部第一节间固定，第二节间伸长1厘米以上时结合浇水每亩追施尿素10千克左右，并配施适量磷酸二铵，控制无效分蘖滋生，加速两极分化，促穗花平衡发育，培育壮秆大穗。

二类苗麦田

应在起身初期进行追肥浇水，一般每亩追施尿素10～15千克并配施适量磷酸二铵，以满足小麦生长发育和产量提高对养分的需求，有利于巩固冬前分蘖，提高分蘖成穗率，促穗大粒多。

三类苗麦田

春季管理以促为主，早春及时中耕划锄，提高地温，促苗早发快长；追肥分两次进行，第一次在返青期结合浇水每亩追施尿素10千克左右，第二次在拔节后期结合浇水每亩追施尿素5～7千克。

播期早、播量大，有旺长趋势的麦田

可在起身期每亩用15%多效唑可湿性粉剂30～50克或壮丰胺30～40毫升，加水25～30千克均匀喷洒，或进行隔行深中耕断根，控旺转壮，蹲苗

壮秆，预防倒伏。对于播量大、个体弱、有脱肥症状的假旺苗，应在起身初期追肥浇水。

没有水浇条件的麦田

春季要趁降雨每亩追施尿素 8～10 千克。

3. 预防"倒春寒"和晚霜冻害

倒春寒是指春季天气变暖后又突然变冷，地表温度降到 0℃ 以下致使小麦出现霜冻危害的天气现象。小麦进入起身、拔节时期，抗寒性降低，一旦气温突然大幅度下降，极易发生冻害。近年来，春季冻害成为限制小麦产量的重要因素，有时比冬季冻害还严重。因此，在晚霜冻害频发、重发区，小麦拔节期前后一定要密切关注天气变化，及早制定防范预案，在寒流来临前，组织农民及时灌水，以改善土壤墒情，提高地温，预防冻害发生。一旦发生冻害，要及时采取浇水追施速效化肥等补救措施，一般每亩追施尿素 10千克，促小蘖赶大蘖，尽快恢复受冻麦苗生长，减轻冻害损失。

倒春寒危害症状

发育正常的未受冻麦穗　　　　　　不同部位受冻麦穗

"倒春寒"危害程度的影响因素

1. 一般旱地或土壤含水量低的田块受害重。干旱条件下土壤导热能力差，小麦易发生冻害。因此与旱地相比，水浇地受害轻，土壤水分适宜时受害轻。

2. 地形地势影响冻害程度。高寒山地受害重，平原川地受害轻；低洼地受害重，岭坡地受害轻；盆地冷空气堆积后流出少，表现为成片冻害，因此盆地受害也较重。

3. 瘠薄田弱苗受害重。苗弱抗冻能力差，加上瘠薄田保水及热传导能力差，因此较肥沃田块壮苗受害重。

4. 群体大、发育提前的受害重。冻害发生与小麦发育时期密切相关，从起身到拔节，随着生育进程推进其抗低温能力逐渐下降。因此，早播田冻害重，群体大、个体弱，植株糖含量低受冻害重。

5. 发育敏感期正好与降温时期相重叠的品种受害重。一般认为，小麦小花药隔形成期为对低温的敏感期，此时植株抗冻能力明显下降，如恰遇低温则极易发生冻害。

"倒春寒"危害发生的气象条件

1. 降温幅度大。在春季气温较高、小麦生长旺盛，突然遭受强降温，24 小时内降温幅度达 7~9℃，甚至达 10℃以上，易发生冻害。

2. 极端温度低。小麦处于拔节期，极端低温在 -1.5℃以下时易发生轻度冻害，达 -3.5℃则遭受重度冻害；拔节后 10 天（孕穗期），极端低温低于 0℃ 可造成轻度冻害，低于 -1.5℃ 则易造成重度冻害。

1. 预防措施

①霜前灌溉。灌溉后土壤水分的增加使得土壤导热能力增强；近地层空气湿度增大形成霜或雾，在凝结发生时可释放出凝结潜热，叶面温度增高，从而避免发生冻害。

②增施有机肥、培肥地力。配方平衡施肥、增施有机肥是提高土壤肥力、保证小麦良好发育的基础。只要小麦植株强健，防御抗灾能力就强。根据生产调查，常年施用有机肥田块与对照田块相比，幼穗冻死率由50%降到8%左右。

③采取麦苗控旺措施，防"倒春寒"危害效果明显。灾前采用镇压控旺、深中耕控旺可减少受冻率。旺长麦田镇压后受冻率由38%下降到15%。

2. 补救措施

①及时追肥浇水。对受害重的麦田，特别是主茎穗有冻死的麦田，应及时追肥、浇水，可以促进小分蘖成穗，以弥补成穗数的不足，同时提高穗粒重，减少冻害损失。每公顷麦田可追施尿素90～150千克。

②叶面喷肥或喷施植物生长调节剂。受害后喷洒1%～2%的尿素溶液，或促进生长的植株生长调节剂，促进新生分蘖生长。后期喷施磷酸二氢钾等能促进籽粒灌浆，提高粒重。

4. 防治病虫草害

春季随着气温逐渐升高，麦田病虫草害将滋生或加重危害，应重点防治麦田草害和纹枯病，挑治麦蚜、红蜘蛛，补治小麦全蚀病。

（1）早控补除草害　返青期是麦田杂草防治的有效补充时期，对冬前未

74

能及时除草，而杂草又重的麦田，此期应及时进行化学除草。

播娘蒿、荠菜发生较重的田块，每亩用苯磺隆有效成分1克加水30千克喷雾。

猪殃殃、野油菜、播娘蒿、荠菜、繁缕发生较重地块，每亩用48%麦草畏乳油20毫升加72% 2，4－D丁酯乳油20毫升按药剂说明书对水喷施。

猪殃殃、婆婆纳、播娘蒿、荠菜、繁缕发生较重地块，每亩用20% 2甲4氯钠盐水剂150毫升加20%使它隆乳油25～35毫升加水喷施。

对硬草、看麦娘等禾本科杂草和阔叶杂草混生田块，每亩用36%禾草灵乳油145～160毫升加20%溴苯腈乳油100毫升，或6.9%精恶唑禾草灵水乳剂50毫升加20%溴苯腈乳油100毫升加水均匀喷雾。

（2）小麦纹枯病　2月下旬至3月上旬，当发病麦田病株率达到15%时，每亩用12.5%烯唑醇（禾果利）可湿性粉剂20～30克，或15%粉锈宁（三唑酮）可湿性粉剂100克，或25%丙环唑乳油30～35毫升，加水50千克喷雾，每隔7～10天喷施1次，连喷2～3次。注意加大水量，将药液均匀喷洒在麦株茎基部，以提高防治效果。

（3）蚜虫、红蜘蛛　当每30厘米单行有麦圆蜘蛛200头或麦长腿蜘蛛100头以上时，每亩可用1.8%阿维菌素乳油8～10毫升，加水40千克喷雾防治。当苗期蚜虫百株虫量达到200头以上时，每亩可用50%抗蚜威可湿性粉剂10～15克，或10%吡虫啉可湿性粉剂20克加水喷雾进行挑治。

（三）小麦后期管理

1. 适时浇好灌浆水

小麦生育后期如遇干旱，应在小麦孕穗期或籽粒灌浆初期选择无风天气进行小水浇灌，此后一般不再灌水，尤其是种植强筋小麦的麦田要严禁浇麦黄水，以免发生倒伏，降低品质。

2. 叶面喷肥

在小麦抽穗至灌浆前中期，每亩用尿素1千克，磷酸二氢钾0.2千克加水50千克进行叶面喷洒，以预防干热风和延缓衰老，增加粒重，提高品质。

3．适时收获

人工收割的适宜收获期为蜡熟末期；采用联合收割机收割的适宜收获期为完熟初期，此时茎叶全部变黄、茎秆还有一定弹性，籽粒呈现品种固有色泽，含水量降至18%以下。

单元三
小麦生产常见灾害控制

单元提示

1. 小麦生产常见的 8 种自然灾害及防灾减灾措施。

2. 小麦生产常见的药害及补救措施。

一、小麦生产常见的自然灾害

1. 小麦冰冻雨雪灾害

小麦冻害是指麦田经历连续低温天气而导致的麦穗生长停滞。

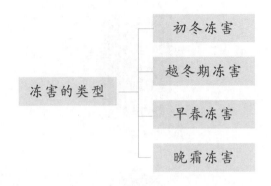

冻害的类型 —— 初冬冻害
—— 越冬期冻害
—— 早春冻害
—— 晚霜冻害

（1）初冬冻害特征　叶片干枯严重。

（2）越冬期冻害特征　叶片部分或全部为水渍状，以后逐渐干枯死亡。

（3）早春冻害特征　受冻轻时表现为叶尖退绿为黄色，尖部扭曲卷起。严重时叶片会失水干枯，叶片受冻部分先呈水烫状，随后变白干枯。幼穗形成"大头穗"或死亡。

（4）晚霜冻害特征　孕穗发育受阻，形成"半截穗"或无颖的空穗即"哑巴穗"，只有穗轴。

冬季下雪一般不会对麦苗产生危害。但长时间冰冻会造成麦苗冻害。

防御晚霜冻害的栽培技术措施

🔊 选用抗霜冻强的品种

弱冬性品种春季发育速度快，早起身早拔节，抗寒性丧失得早，一旦霜冻后损失严重。因此，冬麦区品种的选育和应用，必须坚持冬性、强冬性的生态类型品种。品种生育特点要求3月下旬开始起身拔节，4月底、5月初抽穗，不可盲目追求早发早熟。在品种布局上，在霜冻重发、常发区域，安排种植抗冻品种、早春发育稳健的品种、冬性强的品种，以防止大面积冻害的发生。

🔊 培肥地力，抗旱蓄墒

肥沃而墒情好的麦田土壤，既可以增强小麦抗冻能力，也可促进越冬后的新蘖生长。从麦田备耕播种开始，就要施足底肥、浇好底水，冬春管理重点是水肥要及时跟上，创造良好的土壤环境条件。旱地旱茬麦田，伏期早深耕纳雨蓄墒，遇雨及时浅犁、耙耱保表墒。播种前浅犁，土壤干旱时少犁多耙或不犁只耙。通过耕作，蓄住天上水，保住地下墒，配合增施有机肥和氮磷化肥，为培育壮苗创造条件，提高麦苗抗冻能力。

🔊 适时播种，培育壮苗

冬小麦播种期要适时，过早播种会形成徒长旺苗，过晚播种形成弱苗，苗小苗瘦，根系不发达，抗寒力差。应根据冬前积温及品种特性要求，确定适当播期，才能形成个体健壮、群体适当、与气候变化相适宜的生长发育进程的麦田苗情基础。

🔊 春季镇压，抑制旺长

易受霜冻地区，旱地麦田冬春季用石磙压，可压实土壤，提墒防旱；对麦苗旺长也有抑制作用，能适当推迟拔节期。水地麦田镇压，同样能起到蹲苗作用，有防倒伏、延缓生长壮苗之功效。碾节蹲苗应在小麦生理拔节期以前进行，霜冻来临前的镇压会加剧霜冻危害。

🔊 霜冻来临前，浇水防御霜冻

在霜冻频发的3月中下旬4月上旬以前，结合小麦春季管理，应浇一次起身拔节水，土壤含水量增加使土壤热容量增加，平衡温度变化，加大空气湿度，防冻效果很好。有条件的地方在预报霜冻来临前进行喷灌，通过调节田间小气候防御霜冻效果更好。

🔊 加强预测预报

霜冻属夜间短时间低温冻害，气象预报准确率较高。要加强对4月前冷空气入侵过程的监测，及时进行中长期预报和即时预报，以便采取预防措施。霜冻时及时堆烧麦草，施放烟雾，可以达到较好的预防效果。

🔊 霜冻后的补救措施

小麦是具有分蘖特性的作物，遭受早春霜冻的麦田不会将全部分蘖冻死，还有小蘖或蘖芽能够成穗。只要加强管理，仍可获得好收成。受到冻害的小麦，有水浇条件的，应该立即追施速效氮肥和浇水，氮素和水分耦合作用会促进小麦早分蘖、小蘖赶大蘖，提高分蘖成穗率，减轻冻害的损失。没有水浇条件的旱地，冻害发生较轻的（植株有部分绿叶），应先喷施芸苔素或植物生长调节剂，然后进行中耕，促进植株生长，遇雨适量追施速效氮肥；冻害严重的（整株没有绿叶），应先中耕，促进植株生长，植株长出新的叶片后，叶面喷施芸苔素或植物生长调节剂，遇雨适量追施速效氮肥。通过合理的科学管理，可有效地减轻冻害的损失，获得较高的产量。

2. 小麦大风倒伏灾害

小麦生长期间，遇到大风天气，发生群体植株倒伏的现象，即为倒伏灾害。

前期倒伏

小麦倒伏应对措施如下：

一是合理施用氮肥。

氮肥施用过量或氮肥施用方法不科学是导致小麦倒伏减产的重要原因。试验和生产实践表明，氮肥施用过量易造成小麦群体郁闭、通风透光差、病虫害严重和贪青晚熟，易发生小麦倒伏。一般情况下，丰产田除控制氮肥用量外，氮肥应以基施施用，以利小麦深扎根，作追肥也要重前轻后。

二是增施磷、钾肥。

在有机肥施用不足，氮肥用量过多的情况下，因地制宜科学配施磷肥、钾肥，是调节小麦营养平衡、增产增收、防止倒伏的有效措施。"磷肥发根，钾肥壮秆"，施磷肥可使小麦根系发达，施钾肥能促使小麦茎秆纤维和木质素的合成，增强抗倒伏能力。磷、钾肥作基肥施用最好，作追肥也要早施，以每公顷施过磷酸钙 300～375 千克为宜。小麦生长中后期，以 5% 草木灰浸出液喷施 2～3 次，对防止和减少倒伏危害也有明显作用。

三是镇压与中耕。

越冬前和开春时，对旺苗、疯长苗用石磙镇压 2～3 次，可有效抑制茎叶伸长，并可使茎秆加粗、变短，从而减少和杜绝倒伏。但是在小麦拔节以后勿镇压，以免压伤、压断茎秆。每次镇压后，应浅锄松土，以免造成土壤水分流失。对旺苗、高脚苗进行深中耕，可以切断部分侧根，以抑制其对水肥的吸收能力，这对抑制植株徒长、增强抗倒伏能力作用显著。

四是科学灌水。

土壤水分过多，特别是长期渍水，则麦根浅、易倒伏。大体上要求在小麦生长季节，宜小水勤灌，保持土壤不干、不湿为准。注意在大风、大雨之前不能浇水，更不能大水漫灌，以免造成小麦倒伏。

五是喷施矮壮素。

在小麦拔节始期，以 0.2%～0.3% 的矮壮素溶液喷洒植株 1～2 次，可使植株节间变短、加粗，增强抗倒伏性能。

六是捆扶倒伏麦株。

对生育后期发生倒伏的麦田，每 50～100 株捆在一起，扶其直立，减少霉烂，利于通风透光，增强光合作用，增加粒重，在一定程度上可以挽回倒伏造成的损失。

后期倒伏

3. 小麦干热风灾害

干热风是小麦生育后期经常遇到的气象灾害。麦株的芒、穗、叶片和茎秆等部位均可受害。从顶端到基部失水后青枯变白或叶片卷缩萎凋，颖壳变

82

为白色或灰白色，籽粒干瘪，千粒重下降，影响小麦的产量和质量。

 小麦干热风灾害预防措施　专家微博

🔊 合理施肥

基肥应增施有机肥和磷肥，提前施氮肥，灌浆期控制施用氮肥，都有利于小麦灌浆。

🔊 叶面喷肥

在小麦抽穗扬花期至灌浆初期，每亩喷施 1% ~ 2% 的尿素加 0.5% ~ 1.0% 的磷酸二氢钾混合溶液，可以加速小麦后期的生长发育，加强光合作用，减弱呼吸强度，预防或减轻干热风危害，一般可增产 10% ~ 15%。

🔊 浇好灌浆水

小麦开花后即进入小麦灌浆阶段，此时高温、干旱、强风迫使空气和土壤水分蒸发量增大，浇好灌浆水可以保持适宜的土壤水分，增加空气湿度，起到延缓根系早衰、增强叶片光合作用的作用，达到预防或减轻干热风的危害。注意有风停浇，无风抢浇。

4. 倒春寒灾害

倒春寒是指在季节上本应回暖反而出现寒冷的一种异常天气现象。通常，春季的气温是逐渐上升的，但有时受较强的北方冷空气影响，气温会突然下降，出现比常年温度明显偏低而对小麦造成冷害的天气现象和天气过程。一般有两种情况：一是前期气温回升正常，后期气温比常年偏低；二是前期气温偏高，后期气温比常年偏低。

 **小麦春季冻害补救措施**

一是立即补施恢复肥，每亩施45%复合肥10～15千克或尿素5～10千克，促进苗情转化和晚生分蘖成穗。

二是喷施生长调节剂，提高根系活力，增强光合作用。

三是采取清墒降渍措施，增强小麦的抗逆能力。

5. 冰雹灾害

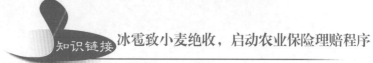
6. 低温阴雨灾害

低温阴雨天气，小麦易感染白粉病。

　　每年 4 月，小麦杨花期、灌浆期遇到连阴雨天气，会造成根系早衰、穗粒减少等灾害，还会引发白粉病、锈病、赤霉病等病害。

　　抓紧清沟沥水降渍，推广叶面喷肥，喷施磷酸二氢钾、微量元素肥料，对于小麦养根保叶、增强抗灾能力、促进小麦灌浆具有良好的效果。

7. 干旱灾害

遭遇干旱和冻害的小麦

小麦生长期遇到干旱，生长表现为群体稀疏、植株矮小、分蘖较少、下部叶片发黄、孕穗抽穗提前，严重时影响小麦正常结实。

减灾防灾措施

一抓春灌。要做到看天、看地、看苗。一般选择晴好天气，视土壤墒情，排好灌溉顺序。苗期浇水量不宜过大，小水细浇但要浇透，以灌水当天全部渗入土中为宜，切忌大水漫灌，以防早春地面积水结冰形成"凌抬"伤苗。

二抓合理追肥。对没有施用底肥或底肥不足、群体小、麦苗生长瘦弱、叶片发黄的麦田，应结合浇水每亩追施足够的氮肥，以促苗升级转化。喷施作物防旱保水剂（黄腐酸制剂），减少叶片气孔开放程度，降低水分的蒸腾损失。

三抓中耕除草和叶面施肥。春灌后应及时中耕划锄，破除板结，消除裂缝，保墒增温，促麦苗返青。要灭除田间杂草，喷施针对性麦田除草剂＋新高脂膜800倍液，可大大增强除草效果。酌情叶面喷肥，可每亩用尿素2~3千克，对水100千克；或用0.3%的磷酸二氢钾溶液，即每亩150克磷酸二氢钾对水50千克等，叶面喷施，以肥济水，提高抗旱能力。

四抓壮穗攻籽粒。在孕穗期要喷施壮穗灵，能强化小麦光合作产物积累和有效转移，强化生殖生理机能，提高授粉、灌浆质量，增加粒重。

8. 水涝灾害

长期的阴雨天会造成小麦田低洼处出现水涝现象，如果不及时排水，会造成烂根。

小知识 　　　　　　　**小麦涝害**

通常情况下，当土壤湿度达到其最大持水量的80%以上时，根系的呼吸就会受到抑制，尤其在开春后气温回升，小麦体内生理上发生急剧变化，其耐渍能力明显下降，小麦根系受水渍而缺氧，失去根系活力，使小麦出现黄化、干叶、僵苗现象，所以农谚有"尺麦怕寸水"之说。"尺麦"是指处于拔节孕穗阶段的小麦。通常春季小麦田间管理第一要务就是要清沟理墒，保证打得进、排得出，其目的就是严防渍害。

防涝抗涝主要措施

一是掌握水涝灾害的规律，勤听天气预报。

二是疏通河道，加固堤防。

三是兴修水库，蓄洪防涝。

四是开挖沟渠，形成排水体系，以排除地表积水、减轻灾害。

五是造林种草，防止水土流失。

六是因地制宜安排农业生产。

二、常见的药害

1. 药害发生的原因

（1）用量过大　在生产中，为了追求除草剂效果，随意加大药量，或将两种以上的除草剂不减量混合使用，不仅造成小麦产生严重药害，其在土壤中的残留还会对下茬作物产生药害。

（2）喷施不均匀　由于田间杂草生长分布不均匀，有的地方杂草密度大，有的地方杂草密度小，有时在喷施过程中，对杂草密度大的地方喷药多、密度小的地方喷药少，致使杂草密度大的地方药量加倍，而造成小麦出现药害。

（3）药液浓度过大　由于现在农村剩余劳动力少，为了减小劳动强度，在施药时普遍存在对水量小，致使药液浓度过大，容易造成小麦植株出现灼伤。

（4）农药质量不合格　有的除草剂质量本身有问题，所含的助剂、乳化剂、扩散剂等不合格或超标，而使小麦产生药害。

（5）施药后气温过低　在冬前常会出现低温强寒流天气，如在此前1～2天喷施除草剂，小麦极易产生药害；早春使用除草剂时，如遇倒春寒，也会导致小麦药害加重。

2. 药害的防治与补救措施

（1）选用合适的农药　购买正规厂家生产的合格的农药。不要购买没有厂址、没有生产标准和没有农药登记编号的农药，以减少药害或不必要的损失。

（2）用足水量，均匀喷施　要根据小麦面积，确定用药总量，不要随便增加剂量，用水量不低于20千克/亩，在喷雾过程中，尽量喷施均匀，严禁重喷。

（3）避开低温寒流天气施药　晚秋或早春喷施除草剂，一定要掌握在冷尾暖头，即寒流过后温度回升时施药，一般在平均气温8℃以上开始施药，以避免因冻害而加重药害的程度。

（4）补施调节剂　一旦药害出现，要及时喷施调节剂、叶面肥，如多元微肥、腐殖酸等，刺激小麦的生长发育，减轻药害。常用的解毒农药如赤霉素，每亩用药2克对水50千克均匀喷施麦苗，可刺激麦苗生长，减轻药害。

（5）加强栽培管理　在发生药害的麦田有条件的可以灌一次水，增施分蘖肥，以减缓药害。

小麦 4 叶前和拔节后不能打。

土壤墒情不好时不能打。

大雨前和大雨后或冷空气前不能打。

打有机磷和氨基甲酸酯类农药前后 7 天不能打。

气温低于 10℃时不能打。

3. 常见药害识别

（1）粉锈宁（三唑酮）药害识别

中间 4 株为深播受害苗，上胚轴没有伸长，苗在土中时间长，发黄，分蘖节与根部紧连。

右边 3 株为浅播苗，叶片有畸形。

左边 3 株正常苗，上胚轴伸长，分蘖节的位置正常。

（2）除草剂药害识别

主要原因在于：①使用触杀型除草剂如唑草酮等，造成小麦叶片褪绿。②田间湿度小，过于干旱。③未采用二次稀释或每亩对水量少于 30 千克。④超剂量使用或重喷等。

小麦除草剂药害发生后，及时喷施调节剂（如 0.001 36% 碧护可湿性粉剂 1 000 倍液或 0.004% 云大 120 水剂 1 000 倍液）以促进小麦生长，缓解药害或直接喷清水淋洗。

除草剂药害——小麦使用除草剂后发生叶片、叶肉、叶尖部分褪绿、黄化、畸形、干枯等症状时，说明除草剂使用不当，造成了药害。一般轻者 10 ~ 15 天会恢复正常生长。

麦田除草剂施用技巧

冬前化学除草施药时间在小麦 3 叶期后，杂草基本出齐且组织细嫩时效果最佳，一般以 11 月中下旬至 12 月上旬，即小麦播种后 40 天左右为宜。为确保防效，应该在气温 10℃以上晴好天气，土壤墒情好时施药。结合生产实践，可以选择在灌溉或雨后晴好无风天气进行，保证施药后 8 ~ 12 小时无降雨发生。若气温低于 6℃且土壤干燥，药效难以发挥，将会影响除草效果。麦田除草剂属选择性化学药剂，对防除阔叶性杂草如猪殃殃、播娘蒿和荠菜等，每亩用 10% 苯磺隆可湿性粉剂 10 克或 75% 苯磺隆干悬浮剂 1 克，对水 40 千克均匀喷雾，防效可达 95% 以上。

对禾本杂草如野燕麦、节节麦和蜡烛草等防除，每亩用6.9%精恶唑禾草灵水乳剂40～50毫升或3%甲基二磺隆油悬浮剂（世玛）20～25毫升，并加该产品助剂50～100毫升混合，对水40千克均匀喷雾，防效可达85%以上。

单元四
小麦病虫草害及缺素症

单元提示

1. 小麦病虫害识别与防治。

2. 小麦缺素症及补救措施。

3. 麦田常见杂草及除草技术。

一、小麦病虫害识别与防治

（一）抽穗至扬花期病虫害

早控条锈病、白粉病、叶枯病；科学预防全蚀病、赤霉病、纹枯病、根腐病、黑穗病；重点防治红蜘蛛、吸浆虫。

1. 小麦条锈病

（1）症状识别　小麦条锈病主要发生在叶片上，其次是叶鞘和茎秆，穗

93

部、颖壳及芒上也有发生。苗期染病，幼苗叶片上产生多层轮状排列的鲜黄色夏孢子堆。成株叶片初发病时夏孢子堆为小长条状，鲜黄色，椭圆形，与叶脉平行，且排列成行，像缝纫机轧过的针脚一样，呈虚线状，后期表皮破裂，出现锈褐色粉状物；小麦近成熟时，叶鞘上出现圆形至卵圆形黑褐色夏孢子堆，散出鲜黄色粉末，即夏孢子。

早期症状

成熟期症状

（2）综合防治措施

一是采取生物多样性防治措施。各地结合产业结构调整，压麦扩油、压麦扩经、减少小麦条锈病越冬场所，为来年春季减轻防治压力。

二是合理品种布局。推广抗病品种是防治条锈病最经济有效的方法。扩大种植抗病性较好的品种，压缩感病小麦品种种植面积。

三是大力推广秋播药剂拌种，适时晚播，推迟发病。粉锈宁拌种麦田较未拌种可推迟发病 20 天左右，病株率减少 12% ~ 14% ，病叶率减少 10% ~ 13% 。在最佳高产播期的时段内适当晚播，可降低种苗发病，减少越冬菌源，推迟春季发病。

四是适时开展药剂防治，早春采取打点保面，对发病母叶片及时喷药封锁，及时消灭发病中心和发病叶片。当病叶率达 2% ~ 4% 时要组织群众开展大面积统一防治。药剂为 15% 粉锈宁可湿性粉剂或 12.5% 烯唑醇可湿性粉剂，不宜盲目选用其他药剂和复配剂。

2. 小麦白粉病

（1）症状识别　小麦白粉病主要发生于叶片上，也可发生于植株叶鞘、茎秆和穗上。一般叶正面病斑较叶背面多，下部叶片较上部叶片病害重。病部表面附有一层白粉状霉层，病部最先出现白色丝状霉斑，逐渐扩大并相互联合，呈长椭圆形较大的霉斑，严重时可覆盖叶片大部，甚至全部，霉层厚度可达 2 毫米左右，并逐渐呈粉状。后期霉层逐渐由白色变为灰色，上生黑色颗粒。叶早期变黄，卷曲枯死，重病株常常矮缩不能抽穗。

小麦白粉病

（2）综合防治措施

一是选用抗病丰产品种，可有效抑制小麦白粉病的发生，目前应以选育成株期具有抗病性的品种为主。

二是麦收后及时铲除各种场合的自生小麦，消灭初期侵染源。

三是合理密植，采用精量半精量播种，适当晚播，提高植株抗病能力。

四是注意氮肥的合理施用，配方施肥，适时排灌水。

五是适时进行药剂防治。在小麦白粉病普遍率达10%或病情指数达5%～8%时，即应进行药剂防治。每亩用15%粉锈宁可湿性粉剂50克加"天达2116"壮苗灵对水30千克，在早春喷洒一次即可基本控制危害，并可有效防治冻害兼防治条锈病。在发病较重的地区，可以用15%粉锈宁可湿性粉剂按种子重量0.12%拌种，控制麦苗病情，减少越冬菌量，减轻发病，并能兼治散黑穗病，如果加入相同量的浸拌种型"天达2116"效果会更好。

3. 小麦叶枯病

（1）症状识别 小麦叶枯病多在小麦抽穗期开始发生，主要危害叶片和叶鞘，初发病叶片上生长出卵圆形淡黄色至淡绿色小斑，以后迅速扩大，出现不规则形黄白色至黄褐色大斑块，一般先从下部叶片开始发病枯死，逐渐向上部叶片发展。在晚秋及早春，病菌侵入寄主根冠，则下部叶片枯死，致使植株衰弱，甚至死亡。茎秆和穗部的病斑不太明显，比叶部病斑小得多。

早期枯叶病

成熟期枯叶病

（2）综合防治措施

一是选用无病种子，适期适量播种；施足底肥，氮磷钾配合使用；控制田间群体密度，改善通风透光条件；禁忌大水漫灌。

二是种子处理。用50%福美双可湿性粉剂按种子重量0.2%～0.3%拌种，或用33%纹霉净可湿性粉剂按种子重量0.2%拌种。

三是小麦扬花期至灌浆期每亩用12.5%烯唑醇可湿性粉剂25～30克或20%粉锈宁乳油100毫升对水50千克均匀喷施；用50%多菌灵可湿性粉剂1 000倍液或50%甲基硫菌灵可湿性粉剂1 000倍液或75%百菌清可湿性粉剂500～600倍液或50%异菌脲可湿性粉剂1 500倍液喷施。视田间病情防治1～2次。

4. 小麦赤霉病

（1）症状识别 小麦赤霉病属于典型的气候性病害，小麦抽穗至扬花期遇到连阴雨或雾霾天气易感染该病。

主要侵染穗部，症状是穗腐。在小麦开花至乳熟期，小穗颖片出现水渍状淡褐色斑点，进而扩展到全穗。气候潮湿时，感病小穗的基部出现粉红色胶黏霉层，后期产生煤屑状黑色颗粒。

早期单穗症状

群体症状

小穗发病后扩展至穗轴，病部枯褐，使被害部以
上小穗，形成枯白穗。

（2）综合防治措施

一是喷药防治。小麦抽穗扬花期若天气预报有 3 天以上连阴雨天气，每亩可用50％多菌灵可湿性粉剂 100 克对水 50 千克喷雾。如喷药后 24 小时遇雨，应及时补喷。喷药时重点喷在小麦穗部。

二是施药适期防治。一般在小麦齐穗至扬花期（5 月 13 日至 16 日）进行叶面喷雾防治。

5. 小麦全蚀病

（1）症状识别　又称小麦立枯病、黑脚病。全蚀病是一种根部病害，只侵染麦根和茎基部1～2节。①幼苗分蘖期至拔节期症状。基部叶发黄，并自下而上似干旱缺肥状。苗期初生根和地下茎变灰黑色，病重时次生根局部变黑。拔节后，茎基1～2节的叶鞘内侧和病茎表面生有灰黑色的菌丝层。②抽穗灌浆期症状。病株变矮、褪色，生长参差不齐，叶色、穗色深浅不一，潮湿时出现基腐（基部一两个茎节）性的"黑脚"，最后植株早枯，形成"白穗"。

早期全蚀病根部特征

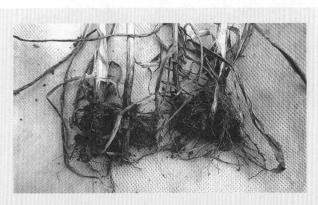

一般土壤土质疏松、肥力低，碱性土壤发病较重。冬小麦播种过早发病重。

（2）综合防治措施　用2%立克秀按种子重量0.2%拌种，防治效果90%左右。也可用15%粉锈宁可湿性粉剂30克拌100千克种子。小麦全蚀

99

病严重发生区，宜选用12.5%硅噻菌胺（全蚀净）悬浮剂进行种子处理，一般20毫升药剂对水300～500毫升，拌10～12.5千克种子，拌匀后闷种6～12小时，在阴凉处晾干后播种。

小麦播种后20～30天，每亩使用15%粉锈宁可湿性粉剂150～200克对水60升，顺垄喷洒，翌年返青期再喷一次，可有效控制全蚀病。

6. 小麦纹枯病

（1）症状识别　冬季偏暖，早春气温回升快，阴天多，光照不足的年份发病重。重病株主茎枯死，产生"白穗"，易倒伏。

（2）综合防治措施

一是农业措施。选用杀菌剂包衣的种子，适量晚播，加强管理，合理施肥、浇水和及时中耕，促使麦苗健壮生长和创造不利于纹枯病发生的条件。

二是药剂防治。小麦拔节后每亩用5%井冈霉素水剂100～150毫升或15%粉锈宁可湿性粉剂65～100克，对水60～75千克喷雾（注意尽量将药液喷到麦株茎基部）。

7. 小麦根腐病

（1）症状识别　不耐寒或返青后遭受冻害的麦株、处于高温多湿的天气的麦株容易发生根腐病。茎基部、根及分蘖节褐变，病部组织逐渐坏死，上生黑色霉状物，最后根系腐朽。叶片染病时出现褐色斑，后黄枯而死。穗部发病出现褐斑和白穗。

（2）综合防治措施　一是用50%代森锰锌可湿性粉剂按种子重量0.2%～0.3%拌种，或用50%福美双可湿性粉剂，或15%粉锈宁可湿性粉剂等药剂拌种。

二是在发病初期，用12.5%烯唑醇可湿性粉剂20～30克或20%粉锈宁可湿性粉剂40～50克，对水50～60千克，拔去喷头对准小麦茎基部喷施，每隔15天喷1次，连喷2次。

8. 小麦黑穗病

（1）症状识别　小麦黑穗病包括丝黑穗病、散黑穗病、腥黑穗病。

丝黑穗病在抽穗后症状明显，病株一般较矮，抽穗前病穗的下部膨大苞叶紧实，内有白色棒状物，抽穗后散出大量黑粉。

散黑穗病一般为全穗受害，但穗形正常，籽粒却变成长圆形小灰包，成熟后破裂，散出里面的黑色粉末。

腥黑穗病通常全穗籽粒都变成卵形的灰包，外膜坚硬，不破裂或仅顶端稍裂开，内部充满黑粉。

小麦黑穗病传染源除种子外，还有土壤和粪肥。

（2）综合防治措施

一是选用15％粉锈宁可湿性粉剂或12.5％烯唑醇可湿性粉剂，每100千克种子用药20～30克（有效成分）拌种。

二是在采取选用抗病品种、轮作、药剂处理等综合防治措施的基础上，于抽穗前后，拔除未扩散黑粉的病株，带到田外深埋。

9．小麦红蜘蛛

（1）虫害识别　红蜘蛛危害小麦叶片，使叶片失绿、枯黄，甚至全株枯死。播种较早，播种时未灌溉，施肥较少的田块发生较重。危害小麦的红蜘蛛有麦圆蜘蛛和麦长腿蜘蛛。

防治指标：平均每33厘米行长有麦蜘蛛200头时，用药物防治。

（2）综合防治措施

一是灌水灭虫。结合早、晚间浇水可杀死部分红蜘蛛，减少虫量。精细整地，减少虫源。

二是加强田间管理。施足底肥，保证苗齐苗壮，并要增加磷钾肥的施入量，保证后期不脱肥，增强小麦自身抵抗病虫害的能力。及时进行田间除草，对化学除草效果不好的地块，要及时采取人工除草办法，将杂草铲除干净，以有效减轻其危害。

三是药物防治。每亩用20%哒螨灵可湿性粉剂1 500～2 500倍液，或每亩用1.8%虫螨克乳油8～10毫升，或用1.8%阿维菌素乳油8～10毫升加水50千克喷雾防治。

10.小麦吸浆虫

（1）虫害识别　发生麦田一般减产10%～50%，严重地块减产80%以上，甚至绝产。一般以幼虫钻入麦粒中吸食汁液，被小麦吸浆虫危害的麦粒坏死，造成麦粒空秕，使麦粒失去食用价值。

小麦吸浆虫是世界性害虫。它属双翅目，瘿蚊科，雌成虫体长2～2.5毫米，雄虫体长1.5～2毫米，幼虫体长2～3毫米。

小麦吸浆虫耐低温不耐高温，温度达到50℃时幼虫即死亡；喜湿怕干，幼虫在水中浸20天，仍能存活，而混入干燥的麦粒中10多天就会干死。

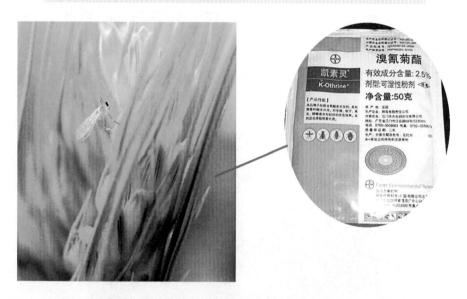

（2）综合防治措施　播前用辛硫磷或甲基异柳磷处理土壤防治幼虫；在孕穗期用辛硫磷或40%甲基异柳磷乳油200～250毫升对适量水拌细土25千克制成毒土顺麦垄均匀撒施，然后浅锄，使药剂翻入土中，再浇水，防治幼虫和蛹出土；抽穗至扬花期当10网复次捕到小麦吸浆虫成虫10～25头，或用两手扒开麦垄，一眼能看到2～3头成虫时，每亩可用40%毒死蜱乳油50～75毫升，或4.5%高效氯氰菊酯乳油40毫升，加水50千克喷雾，防治成虫产卵。

（二）灌浆期病虫害

灌浆期是多种病虫重发、叠发的危害高峰期，必须做到杀虫剂、杀菌剂混合施药，一喷多防，重点防治小麦蚜虫和黏虫等。

1. 小麦蚜虫

（1）虫害识别　当小麦抽穗后，蚜虫主要群集危害麦穗和心叶，使小麦叶片发黄，麦粒不饱满，严重时，麦穗枯白，不能结实，甚至整株枯死。

　　　　　小麦蚜虫繁殖速度快，一年可发生 10～20 代，条件适宜时 20 分可繁殖一代。

　　　　　　　　　　小麦蚜虫从小麦拔节孕穗期开始发生，到小麦抽穗扬花期前，始终处于缓慢增长期；在小麦扬花期后，发生量急剧上升。

（2）综合防治措施　当百株蚜虫达 500 头或益害比达 1:150 以上时，每亩可用 50% 抗蚜威可湿性粉剂 10~15 克，或 10% 吡虫啉可湿性粉剂 20 克，或 40% 毒死蜱乳油 50~75 毫升，或 3% 啶虫脒乳油 20 毫升，或 4.5% 高效氯氰菊酯乳油 40 毫升，加水 50 千克均匀喷雾，也可用机动弥雾机低容量（每亩用水量 15 千克）喷防。

有条件的小麦农场，可以释放瓢虫，防治蚜虫。

按照"治早、治小、治了"的原则，每亩用 25% 快杀灵乳油 15~30 毫升，或 25% 辉丰快克乳油 40 毫升，对水 60~75 千克喷雾。

小麦白粉病、条锈病、蚜虫等病虫混合发生区，可采用杀虫剂和杀菌剂各计各量，混合喷药，进行综合防治。每亩可用15%粉锈宁可湿性粉剂100克，或12.5%烯唑醇可湿性粉剂40～60克，或25%丙环唑乳油30～35克，或30%戊唑醇悬浮剂10～15毫升加10%吡虫啉可湿性粉剂20克，或40%毒死蜱乳油50～75毫升加水50千克喷施。上述配方中再加入磷酸二氢钾150克还可以起到补肥、防干热风、促进灌浆、增加粒重的作用，但要现配现用。

2. 小麦黏虫

（1）虫害识别　黏虫幼虫咬食小麦叶片，严重时吃光叶片仅剩叶脉，造成小麦严重减产。黏虫发生严重时会形成暴发性灾害，2～3天内就会将整块地的作物甚至杂草叶片吃光。

黏虫有昼伏夜出和趋光、趋化习性，成虫对糖醋液趋化性强。雌蛾产卵于寄主植物枯叶尖内或干谷草叶鞘里，大多产于小麦黄矮病枯叶尖内。

当发现每平方米有 3 龄前黏虫 15 头以上时，要采取药物防治。

（2）综合防治

一是农业防治。在成虫羽化初期，用黑光灯和糖醋液（糖 6 份，醋 3 份，白酒 1 份，水 10 份，90％敌百虫晶体 1 份调匀）诱杀成虫，减少虫口；保护和利用其自然天敌，开展生物防治。

二是药剂防治。好当先＋甲维盐＋夜袭，在黏虫幼虫期喷施，可有效防治该害虫。

二、小麦缺素症

1. 小麦缺素症状表现

缺氮症

植株矮小细弱，生长缓慢，分蘖少而弱，次生根数目少，叶片上冲狭窄稍硬，叶色淡黄，下部叶片从叶尖变黄干枯，并逐渐向上部叶片发展，严重时全叶干枯，植物死亡，根系不发达，根数少而短，穗少穗小，俗称"蝇子头"，成熟期提前，产量低。

缺磷症

植株矮小、暗绿无光泽，严重缺磷时叶片、叶鞘发紫（这是识别小麦缺磷的典型症状），根系发育受到严重抑制，次生根少而弱，分蘖少，成穗率低，抽穗、开花期延迟，花粉的形成和受精过程受到影响，灌浆不正常，粒重降低，品质差。

缺钾症

植株矮小，生长迟缓，茎秆矮、细而且脆弱，机械组织、输导组织发育不良，后期易引起倒伏。初期下部老叶尖端变黄，随后变褐，呈褐斑状，并逐渐向全叶蔓延，但叶脉与叶片中部仍保持绿色，呈烧灼状，严重时下部叶片枯死，根系发育不良，抽穗期和成熟期明显提前，穗小粒少，灌浆不良，品质劣。

缺锌症

苗期缺锌叶片失绿，心叶白化，中后期缺锌节间缩短，植株矮小，中部叶片扭曲或干裂皱缩，叶脉两侧褪绿变黄，呈黄白色相间的条纹，根系变黑，抽穗期和扬花期推迟，小花小穗松散，空壳多，秕粒多，千粒重下降。

缺硼症

茎叶肥厚、弯曲，叶呈紫色，顶端分生组织死亡，形成"顶枯"，开花持续时间长，缺硼严重时会出现空穗。

缺锰症

表现出叶片柔软下披，新叶脉失绿，由黄绿色变黄色，严重缺锰时，植株枯败直至死亡，轻者产量下降、品质变劣，重者颗粒不收。小麦常因缺锰而患灰斑病。

缺铁症

在小麦幼苗期发现叶脉失绿黄化，逐渐整叶失绿，叶片呈黄白色时，即为缺铁表现。

缺铜症

当小麦叶片尖端变白，边缘呈黄灰色时，即为缺铜表现。严重的可阻碍抽穗扬花。

2. 小麦缺素症的原因

一是盲目施肥。没有根据地力水平进行科学施肥，造成有的元素过量，有的元素不足，多表现为氮、磷过量，钾素不足。

二是复合肥使用中存在误区。很多小麦农场经营者认为复合肥是万能的，每亩只要用上一袋复合肥就行了，但是复合肥中各种元素含量不一定都能满足小麦生长的需要，不足部分需要补充。

三是忽略钾肥的作用。不施用钾肥或钾肥施用量小造成土壤缺钾。

四是因为底肥及追肥方式及追肥量不合理，对微量元素的认识不足，特别是连续多年不施用锌肥和硼肥会造成锌硼元素缺失。

3. 小麦缺素症的补救措施

缺氮麦田

苗期、返青期缺氮，每亩可追施尿素 7～8 千克，或者碳铵 20～25 千克，或人粪尿 600～700 千克在行间沟施或对水浇施。后期每亩可用 50～60 千克 1%～2% 的尿素溶液进行叶面喷施。

缺磷麦田

苗期每亩可追施过磷酸钙 20～30 千克，在行间沟施或对水浇施，或者每亩用磷酸二氢钾 150～200 克，对水 75 千克喷施。中后期缺磷，在孕穗扬花初期每亩可用 50～60 千克 0.3%～0.4% 的磷酸二氢钾溶液进行叶面喷施，每隔 7～10 天喷 1 次，连喷 2～3 次。

缺钾麦田

苗期每亩施用 10 千克氯化钾或 50 千克草木灰，在孕穗扬花初期可喷施 0.3%～0.4% 的磷酸二氢钾溶液。

缺锌麦田

苗期每亩追施硫酸锌 1 千克或喷施 0.2% 的硫酸锌溶液 2～3 次。

缺硼麦田

苗期和拔节期用 0.1%～0.2% 的硼砂溶液进行叶面喷施。每隔 7～10 天喷 1 次，连喷 2～3 次。可亩用硼砂 0.3 千克或硼酸 0.2 千克与氮、磷、钾混合追施。也可亩用 150～200 克硼砂对水 50～60 千克叶面喷施，一般在小麦苗期、始穗期各施一次。

缺锰麦田

每亩可施硫酸锰 1 千克，或叶面喷施 0.1%～0.2% 的硫酸锰液 2～3 次。

缺铁麦田

每亩用0.75～0.90%的硫酸亚铁溶液叶面喷施2～3次，效果良好。

缺铜麦田

每亩用1～1.5千克硫酸铜作基肥，若基肥没用的，则可在拔节期每亩用0.03～0.04%的硫酸铜溶液进行叶面喷施2～3次。

三、麦田常见杂草及除草技术

麦田杂草 ┬ 禾本科杂草 — 野燕麦、看麦娘、稗草、狗尾草、马唐、牛筋草、硬草等。

└ 阔叶杂草 — 播娘蒿、荠菜、猪殃殃、婆婆纳、米瓦罐、田旋花、藜、麦家公（面条菜）、泽漆等。

（一）杂草识别

1. 野燕麦

苗期野燕麦明显与小麦苗不同，是除草的好时机。

野燕麦的生长习性与小麦相似，同期出苗，长势凶猛，繁殖率高，比小麦成熟早。

2. 看麦娘

看麦娘繁殖力强，喜寒冷、湿润气候，不耐干旱和炎热，地势低洼的麦田受害严重。

　　3. 稗草

稗草是一年生草本植物，与水稻外形极为相似。稗草的适应性强，喜湿和温暖，又耐干旱和盐碱。

4. 狗尾草

狗尾草适应性强，耐旱耐贫瘠，酸性或碱性土壤均可生长。发生严重时可形成优势种群密被田间，争夺肥水，造成小麦减产。

5. 马唐

马唐是一年生草本植物，繁殖、再生能力强，喜湿、好肥、喜光照。3~5叶期，用茎叶处理除草剂灭除效果显著。

6. 牛筋草

  牛筋草是一年生草本植物，须根细而密，秆丛生，直立或基部膝曲，叶片扁平或卷折，与小麦争肥争水。

7. 播娘蒿等其他麦田杂草

播娘蒿

荠菜

猪殃殃

婆婆纳

米瓦罐

田旋花

藜草幼苗

麦家公（面条菜）

泽漆

（二）除草技术

1. 小麦播后苗前除草

20%噻磺·乙草胺80～120克/亩于冬小麦播种后出苗前至杂草2叶期用药。

50%苯·异丙隆120～150克/亩于冬小麦播种后出苗前至麦苗3叶期前用药。

60%苯·异丙隆100～130克/亩于冬小麦播种后出苗前至麦苗3叶期前用药。

2. 小麦幼苗期除草（11月中下旬）

（1）以播娘蒿、荠菜为主，兼有少量米瓦罐、麦家公、繁缕、婆婆纳等杂草的麦田。

苯磺隆　10%麦彩、阔喜、麦大嫂、麦星、阔净，10～15克/亩；75%阔休、巨锄，1.5～2克/亩。

噻吩磺隆　15%阔杀10～15克/亩，75%噻磺隆1.5～2克/亩。

乙羧·苯磺隆　20%速效阔净、速效麦大嫂13～15克/亩。

苄·噻磺　15%麦帝、阔侠15～20克/亩。

苄·苯磺　瑞禾巨锄（60%苄嘧磺隆＋75%苯磺隆）1组/亩。

以上药剂于小麦 2 叶到拔节前，气温在 10℃ 以上，晴朗无风天，均匀喷施。

（2）以荠菜、麦瓶草、麦家公、繁缕、播娘蒿、婆婆纳等为主的麦田。

噻吩磺隆　15% 阔杀 10～15 克/亩，75% 噻磺隆 1.5～2 克/亩。

乙羧·苯磺隆　20% 速效阔净 13～15 克/亩。

苄·噻磺　15% 麦帝阔侠 15～20 克/亩。

苄·苯磺　瑞禾巨锄（60% 苄嘧磺隆 + 75% 苯磺隆）1 组/亩。

以上药剂于小麦 2 叶到拔节前，气温在 10℃ 以上，晴朗无风天，均匀喷施。

（3）以泽漆、繁缕、婆婆纳为主，兼有播娘蒿、麦家公等杂草的麦田。

苄·噻磺　15% 麦帝阔侠 15～20 克/亩。

氯氟·苯　20% 阔爽（20 毫升 + 15 克）1 组/亩。

苄·苯磺　瑞禾巨锄（60% 苄嘧磺隆 + 75% 苯磺隆）1 组/亩。

以上药剂对水 30 千克，于小麦 2 叶到拔节前，晴朗无风天，均匀喷施。

（4）以猪殃殃、田旋花为主，兼有播娘蒿、荠菜、繁缕、婆婆纳等杂草的麦田。

氯氟·苯　20% 阔爽（20 毫升 + 15 克）1 组/亩。

苄·噻磺　15% 麦帝阔侠 15～20 克/亩。

苄·苯磺　瑞禾巨锄（60% 苄嘧磺隆 + 75% 苯磺隆）1 组/亩。

（5）以看麦娘、燕麦、稗草为主，兼有硬草、猪殃殃、婆婆纳等杂草的稻茬麦田。

50% 苯·异丙隆　120～150 克/亩，对水 30 千克于播种后出苗前至麦苗 3 叶期前均匀喷施于土壤表面。

60% 苯·异丙隆　100～130 克/亩于播种后出苗前至麦苗 3 叶期前用药。

18.5% 精恶唑·苯　50～75 毫升/亩。对水 30 千克，于小麦 3 叶到拔节前，晴朗无风天，均匀喷施。

30%异隆·氯氟吡　180～210克/亩。

以上药剂在小麦播种后齐苗至麦苗3叶期前均匀喷施。

（6）稻茬有野燕麦、雀麦、看麦娘、硬草、狗尾草、稗草、荠菜、播娘蒿、藜等杂草的麦田。

氟唑磺隆　美国爱利恩达（艾威达）公司的70%彪虎水分散粒剂3～3.5克/亩。

甲基二磺隆、甲基碘磺隆钠盐　3.6%阔世玛水分散粒剂20克/亩。年前使用，最好先做试验。

（7）稻茬麦田有日本看麦娘、节节麦及其他禾本科杂草的麦田。

3%甲基二磺隆世玛油悬浮剂　20～30毫升/亩。年前使用，最好先做试验。

3. 小麦返青期除草（2月下旬至3月中旬）

11月中下旬没有及时除草而杂草又发生严重的麦田，可在小麦返青期（2月下旬至3月中旬）补治，但施药时期不可过晚，以免对小麦及下茬作物造成药害。根据麦田杂草种类选用药剂并适当加大用药量，最好选用速效药剂。

乙羧·苯磺隆　20%速效阔净可湿性粉剂13～15克/亩。

苄·噻磺　15%麦帝阔侠可湿性粉剂15～20克/亩。

氯氟·苯　20%阔爽（20毫升＋15克）1组/亩。

苄·苯磺　瑞禾巨锄（60%苄嘧磺隆＋75%苯磺隆）1组/亩。

精噁唑禾草灵　6.9%天骠、骠马80～100毫升/亩。

氟唑磺隆　美国爱利恩达（艾威达）公司的70%彪虎水分散剂。

一是盲目施药。每种除草剂都有其杀草谱，使用时应根据田间杂草种类来选择杀草谱适宜的药剂。在不了解杂草种类的情况下，盲目选购除草剂，结果事倍功半。

二是用量过大，造成小麦药害。除草剂是在小麦与杂草之间进行选择性杀除，其选择性是有剂量限度的，不是用量越大越好，超过其安全剂量就会影响小麦产量。

三是使用时间偏晚，影响药效。小麦出苗时杂草就开始出土，在冬前达到第一个出苗高峰，这部分杂草对小麦的危害远大于冬后出土的杂草，而且这部分杂草冬前防治，因叶龄小、长势弱，不需要高剂量除草剂就可有效控制。但我国大部分地区，农民用药习惯是冬后小麦返青期喷施除草剂，此时，冬前出苗的杂草叶龄已经较大，需要较高的剂量才能杀除。

四是单一使用，造成杂草群落演替。连年使用同一种或同一类药剂，杂草抗药性增强，也导致难治杂草种群密度加大，使麦田杂草群落演替加剧，防治难度增加。

附录

一、小麦生产中推荐使用的农药及其安全使用

病虫种类	药剂	使用方法	使用剂量	安全使用期
地下虫	50%辛硫磷 EC	拌种	20 毫升/10 千克	播种期
	5%乐斯本 GR	土壤撒施	100~150 克/亩	
纹枯病	2.5%适乐时 FS	包衣	10~20 毫升/10 千克	返青期至 拔节期
	2%立克莠 WG	包衣	10~20 克/10 千克	
	12.5%烯唑醇 WP	拌种喷雾	10 克/10 千克，2 000 倍液	
	25%纹枯净 WP	喷雾	1 000 倍液	
	20%敌力脱 EC	喷雾	2 000 倍液	
白粉病	12.5%烯唑醇 WP	喷雾	2 000 倍液	孕穗期至 灌浆期
	15%粉锈宁（三唑酮）WP	喷雾	1 000 倍液	
	25%敌力脱 EC	喷雾	2 000 倍液	
	43%戊唑醇 SE	喷雾	4 000 倍液	
锈病	40%福星 EC	喷雾	4 000 倍液	发病初期
	25%腈菌唑 WP	喷雾	2 000 倍液	
	12.5%烯唑醇 WP	喷雾	2 000 倍液	
	43%戊唑醇 SC	喷雾	4 000 倍液	
赤霉病	50%多菌灵 WP	喷雾	800 倍液	抽穗期至扬花期
蚜虫	10%吡虫啉 WP	喷雾	2 000 倍液	
	3%啶虫脒 EC	喷雾	2 000 倍液	
	5%氯氰菊酯 EC	喷雾	3 000 倍液	
	2.5%溴氰菊酯 EC	喷雾	2 000 倍液	
	50%抗蚜威 WP	喷雾	10~15 克/亩	
红蜘蛛	15%哒满灵 EC	喷雾	15~20 毫升/亩	拔节期至抽穗期
	2%灭扫利 EC	喷雾	20~30 毫升/亩	
黑胚病	43%麦叶净 WP	喷雾	600~800 倍	扬花后 5~10 天
	12.5%烯唑醇 WP	喷雾	1 500 倍	
禾本科草	60%丁草胺 EC +25% 绿麦隆 WP	喷雾	50 毫升+150 克/亩， 加水 750 千克	小麦播后苗前
	6.9%骠马 EW	喷雾	60~70 毫升/亩	杂草 2 叶至 分蘖期
	3%世玛 OF	喷雾	30 克/亩	
阔叶草	40%快灭灵 DF	喷雾	4~5 克+水 40 千克/亩	分蘖期至 返青期
	20%使它隆 EC	喷雾	150~60 毫升/亩	
	10%苯磺隆 WP	喷雾	10~15 克/亩	
	75%杜邦巨星 DF	喷雾	1~1.3 克/亩	
	20%2 甲 4 氯 AS	喷雾	250~300 毫升/亩	

注：WP－可湿性粉剂；EC－乳油；FS－悬浮种衣剂；AS－水剂；DF－干悬浮剂；
EW－水乳剂；SC－悬浮剂；GR－颗粒剂；WG－水分散粒剂；SE－悬乳剂；OF－油悬浮剂

二、小麦生产中禁止使用的农药

农药种类	农药名称	禁用原因
无机砷杀虫剂	砷酸钙、砷酸铅	高毒
有机砷杀菌剂	甲基胂酸锌、甲基胂酸铁铵（田安）、福美甲胂、福美胂	高残留
有机锡杀菌剂	薯瘟锡（三苯基醋酸锡）、三苯基氯化锡、毒菌锡、氯化锡	高残留
有机汞杀菌剂	氯化乙基汞（西力生）、醋酸苯汞（赛力散）	剧毒、高残留
有机杂环类	敌枯双	致畸
氟制剂	氟化钙、氟化钠、氟乙酸钠、氟乙酰胺、氟铝酸钠、氟硅酸钠	剧毒、高毒、易药害
有机氯杀虫剂	DDT、六六六、林丹、艾氏剂、狄氏剂、五氯酚钠、氯丹、毒杀芬、硫丹	高残留
有机氯杀螨剂	三氯杀螨醇	高残留
卤代烷类熏蒸杀虫剂	二溴乙烷、二溴氯丙烷	致癌、致畸
有机磷杀虫剂	甲拌磷、乙拌磷、久效磷、对硫磷、甲基对硫磷、甲胺磷、治螟磷、蝇毒磷、水胺硫磷、磷胺、内吸磷甲基环硫磷杀卟磷	高毒
氨基甲酸酯杀虫剂	克百威（呋喃丹）、涕灭威、灭多威	高毒
二甲基甲脒类杀虫杀螨剂	杀虫脒	慢性毒性致癌
取代苯类杀虫杀菌剂	五氯硝基苯、稻瘟醇（五氯苯甲醇）、苯菌灵（苯莱特）	致癌或二次药害
二苯醚类除草剂	除草醚、草枯醚	慢性毒性
其他	乙基环硫磷、灭线磷、胺磷、克线丹、磷化铝、磷化锌、磷化钙、硫丹	药害、高毒